U0011015

噴射客機的
製造與技術
（修訂版）

認識噴射客機的技術發展和製作流程，
一窺製造現場的技術細節與浩大工程。

青木謙知◎著

盧宛瑜◎譯

晨星出版

叢書序

WOW！知的狂潮

　　廿一世紀，網路知識充斥，知識來源十分開放，只要花十秒鐘鍵入關鍵字，就能搜尋到上百條相關網頁或知識。但是，唾手可得的網路知識可靠嗎？我們能信任它嗎？

　　因為無法全然信任網路知識，我們興起探索「真知識」的想法，亟欲出版「專家學者」的研究知識，有別於「眾口鑠金」的口傳知識；出版具「科學根據」的知識，有別於「傳抄轉載」的網路知識。

　　因此，「知的！」系列誕生了。

　　「知的！」系列裡，有專家學者的畢生研究、有讓人驚嘆連連的科學知識、有貼近生活的妙用知識、有嘖嘖稱奇的不可思議。我們以最深入、生動的文筆，搭配圖片，讓科學變得很有趣，很容易親近，讓讀者讀完每一則知識，都會深深發出WOW！的讚嘆聲。

　　究竟「知的！」系列有什麼知識寶庫值得一一收藏呢？

　　【WOW！最精準】：專家學者多年研究的知識，夠精準吧！儘管暢快閱讀，不必擔心讀錯或記錯了。

【WOW！最省時】：上百條的網路知識，看到眼花還找不到一條可用的知識。在「知的！」系列裡，做了最有系統的歸納整理，只要閱讀相關主題，就能找到可信可用的知識。

【WOW！最完整】：囊括自然類（包含植物、動物、環保、生態）；科學類（宇宙、生物、雜學、天文）；數理類（數學、化學、物理）；藝術人文（繪畫、文學）等類別，只要是生活遇得到的相關知識，「知的！」系列都找得到。

【WOW！最驚嘆】：世界多奇妙，「知的！」系列給你最驚奇和驚嘆的知識。只要閱讀「知的！」系列，就能「識天知日，發現新知識、新觀念」，還能讓你享受驚呼WOW！的閱讀新樂趣。

知識並非死板僵化的冷硬文字，它應該是活潑有趣的，只要開始讀「知的！」系列，就會知道，原來科學知識也能這麼好玩！

作者序

　　「製造業」現場，是在一無所有的狀況下，生產出實體的「物品」。這個過程實為非凡的景象，且能夠給人物品誕生後的感動。用於製造業的各種技術，特別是訓練有素的技術員，其技藝更令人驚嘆。

　　飛機的體積相當大，因此工廠也很大。由於製造過程已分工，因此只看一間工廠無法掌握其製造全貌。例如波音的飛機，雖然在波音工廠進行最後組裝，但反過來說，就算參觀波音工廠，也只能看到最後組裝作業。對於機體框架的製造以及外板加工等，大部分的作業工程，都是和其他工廠簽訂負責製造的合約，在其他工廠進行製造作業。因此，就算想「在波音工廠看某個構造零件的削切作業」，也不可能實現。

　　關於飛機整體的實際製造作業，首先從某個製造商開始製造小零件，再由其他製造商使用這些零件來製造尾翼等「機體元件」部位。接著各元件會被運至波音工廠，才進行最後組裝完成。這些作業流程無論是波音公司，還是歐洲共同體的國際合資製造商空中巴士，原則上都相同。

　　飛機內部更有引擎以及操縱裝置等諸多系統類的配備。尤其引擎完全為個別處理，引擎製造商是在製造完成後才交貨給機體製造商，並在最後組裝作業程序裝上。這就是為什麼，有一部分機種的

引擎走「選擇制」，能夠讓航空公司（Airline）選擇。

各種系統設備原則上和機體元件一樣，都有各個專業製造商。這些專業製造商從機體製造商那邊簽訂契約，開發、製造系統後再裝置於機體內部。筆者在取材時，對於這些進行前置作業的製造商感到吃驚的是，「他們作業用的工具機幾乎清一色都是日本製」。

最近，飛機的製造零件幾乎都是強化纖維複合塑料（FRP：Fiber Reinforced Plastic），但即使如此，飛機原則上還是金屬製。最常使用的就是鋁合金，暴露於高溫的部位則使用鈦合金材料。另外有部分相當低的比例會使用鋼鐵。日本製的各種作業用工具機則用來對這些金屬素材進行加工，這些工具機也被海外多數製造商引進。

說實話，這些機台雖都是相當特殊的機械，但大部分都由一些不是很知名的企業所製造。但不管是哪一間公司製造，比較其作業精細度以及可靠性、耐久性等，無論從哪個角度來看，大家都認為「日本製的工具機最好」。由於大多數公司對日本製機械的認可，加上現實也是日本製工具機的使用率較高，所以這並不是因為筆者身為日本人，就開始自誇。筆者在取材時發現這樣的事實，心中不禁感到無比驕傲，而且也重新認識了日本的技術力。

客機工廠比其他大型機體的組裝工廠還要大。雖然製造商提供

了工廠地板面積以及建築物的總容積數字，但無論何者，都和我們日常生活接觸到的認知相差甚遠，幾乎難以想像。因此飛機組裝工廠有諸多稱號，如「是沒有柱子的世界中，最大的建築物」等，擁有相當多「世界第一」的形容詞。最容易想像的說明之一，就是在波音公司的埃弗里特工廠，面積到達「一棟工廠大門的大小，和美國一座足球場地面面積一樣大」。這個說明就能夠實際感受到工廠（建築物）的大小。

　　本書主要都使用筆者所取材的內容以及照片，並針對今日的噴射客機製造現場的狀況，包括規模人小等，以容易理解的方式傳達給各位讀者。

　　本書執筆之際，受到科學書籍編輯部門的益田賢治先生、以及石井顯一先生的許多寶貴建議。筆者在此藉著書序，對兩位致上謝意。

2013年9月　青木謙知

CONTENTS

叢書序 ……………………………………… 3

作者序 ……………………………………… 5

第1章　直到決定開發噴射客機前 ……………… 11

1.1　噴射客機的壽命 ……………………………… 14

1.2　市場預測 ………………………………………… 16

1.3　客機市場的轉換 ………………………………… 17

1.4　機體提案的策劃制定與評價 ………………… 20

1.5　導入新技術等的評價 ………………………… 24

1.6　到提案之前的過程 …………………………… 26

1.7　獲得啓始客戶 ………………………………… 28

專欄❶　Working Together的意思是？ ………… 30

第2章　如何開發噴射客機 …………………… 31

2.1　決定形狀及架構 ……………………………… 34

2.2　以數位模擬法設計 …………………………… 46

2.3　開發所使用的機體數量和種類 ……………… 48

2.4　飛行實驗機 …………………………………… 49

2.5　地面實驗機 …………………………………… 54

2.6　決定製造方式 ………………………………… 56

2.7　轉向分工的過程 ……………………………… 58

2.8　國際分工以及合作夥伴① …………………… 60

2.9　國際分工以及合作夥伴② …………………… 64

2.10　波音公司和西雅圖 …………………………… 67

專欄❷　VFW Fokker 614 ………………………… 70

第3章　波音787是如何製造的？ …………… 71

3.1　最後組裝線的特徵 …………………………… 74

3.2　第1組裝位置與MOATT ……………………… 76

3.3　第2組裝位置與第3組裝位置 ……………… 78

3.4　第4組裝位置及塗裝 ………………………… 80

3.5　各部位的製造① ……………………………… 82

3.6　機體製造的特徵 ……………………………… 84

噴射客機的製造與技術（修訂版）

認識噴射客機的技術發展和製作流程，一窺製造現場的技術細節與浩大工程。

3.7 各部位的製造② ···················· 88

3.8 各部位的製造③ ···················· 90

3.9 國際合作體制 ······················ 92

3.10 日本企業的參與① ················· 94

3.11 日本企業的參與② ················· 96

3.12 日本企業的參與③ ················· 99

3.13 日本企業的參與④ ················· 102

3.14 日本企業的參與⑤ ················· 104

3.15 日本以外的參與企業 ··············· 106

3.16 韓國企業的參與 ··················· 107

3.17 澳洲企業的參與 ··················· 110

3.18 生產物流① ······················ 112

3.19 生產物流② ······················ 118

3.20 交貨前 ··························· 120

專欄❸ 直升機工廠 ······················ 122

第4章 近看波音737、747、767、777 **的製造工程** ···················· 123

4.1 最後組裝方式 ······················ 126

4.2 新一代737 ························ 128

4.3 747-8 ···························· 133

4.4 767 ······························ 136

4.5 777 ······························ 138

專欄❹ 到現場就能參觀工廠 ··············· 142

CONTENTS

第5章　空中巴士如何製造噴射客機？ ················· 143

5.1　空中巴士的主要工廠 ················· 146

5.2　A320家族飛機的製造 ················· 149

5.3　A330/340的製造 ················· 153

5.4　A300-600ST「大白鯨」 ················· 156

5.5　A380的製造後勤① ················· 161

5.6　A380的製造後勤② ················· 165

5.7　A380的最後組裝線 ················· 170

5.8　A350XWB的製造 ················· 174

專欄❺　A350XWB ················· 178

第6章　噴射客機的引擎進化 ················· 179

6.1　噴射引擎的種類 ················· 180

6.2　渦輪式噴射引擎和渦輪式風扇引擎 ················· 182

6.3　渦輪式風扇引擎的進化 ················· 189

6.4　新一代渦輪式風扇引擎 ················· 195

6.5　三軸構成以及齒輪渦輪風扇引擎（GTF） ·········· 201

6.6　未來的噴射客機用引擎 ················· 208

專欄❻　首飛成功！龐巴迪「C系列」 ················· 210

第7章　MRJ的製造技術 ················· 211

7.1　MRJ的製造① ················· 212

7.2　MRJ的製造② ················· 214

7.3　MRJ的製造③ ················· 216

直到決定開發
噴射客機前

1

噴射客機是民間企業販售的商品，若沒有需求和販售的前景就無法開發。本章將針對直到決定發展新型客機之前的過程做詳細說明。

Technologies of
jet airliner
manufacturing

噴射客機又可分為大型機、中型機、小型機，以及短距離客機、中距離客機、長距離客機等。無論哪一種機型，只要到了一定的時期就必須改換新機型，開發新機型會以前代機種的開發時間為基礎，在一定的循環下進行改良。

照片／青木謙知

1.1 噴射客機的壽命

客用機和貨用機甚至相差15年！

　　噴射客機的壽命在設計時，主要依其機體構造而定，通常都以其構造強度能夠承受的飛行時間及飛行次數來決定。例如長距離客機波音747，在設計階段時便以「總飛行時間60000小時」以及「起飛和著陸次數（又稱起降次數）20000次」為目標，並在實現此目標為前提下，進行設計製造。

　　其後製造的短距離機型（747SR），比起長距離機型的巡航飛行高度較低，接受外部空際的氣壓差較小，但另一方面，短距離航線的起降頻率會增加，因此便將新機體的飛行壽命目標設定降至42000小時，但起降次數則增為53000次。

　　此外，飛機也會根據其實際操作的狀況，而有可能超過當初設定的飛行壽命。例如麥克唐納・道格拉斯（簡稱麥道，後來與波音公司合併）公司的MD-80，它所設計的飛行時間壽命為45000小時，但卻因其相同構造設計的前代機種DC-9的飛行實績，而延長至78600小時。

　　若要正確推測客機的壽命，會有點複雜，不過以一般的客機

使用條件，其中一個標準就是「經濟壽命達20年」。這個意思就是在20年內，一般維護保養工作下便能夠飛行，但若超過20年，即使還能夠運作，其維護工作的頻率也會增加，而且修補工作所需的花費也會提高。

　　但如果是貨物專用機，即使相同設計的機種，其壽命也能延至35年。原因之一就是貨機不載客，因此像一些使用壽命較短、且需要頻繁檢查的旅客用安全設備以及客房系統等都不需要裝設。當然客機本身的安全性和構造強度等完全沒問題，在不載客的情況下還能夠延續使用15年。因此當客機退役後，其機體大多會轉賣，被當成貨機來運航。

作為客機飛行20年後，若改造成貨機，還能夠延長使用15年。波音747-400以及767就承擔了貨機改造作業，改造後的機體稱為「波音改裝貨機（BCF：Boeing Converted Freighter）」。照片中為國泰航空的747-400BCF，該公司是747-400BCF的第一個顧客。

照片／青木謙知

1.2 市場預測

為何預測的時間為20年後？

　　噴射客機並非每個人都會購買的一般商品。但是進行市場預測，調查何時需要、需要何種機種、以及需求量多大等，再根據預測訂定販售策略，這一點和其他商品並無不同。

　　客機主要製造商波音公司以及空中巴士公司每年都會發布20年後的市場預測。波音公司發行的預測稱為Current Market Outlook（COM），空中巴士的則稱為Global Market Forecast（GMF），其中包含往後20年間世界各地區的經濟成長預測、未來20年內全球所需機種和數量、以及每個地區需求的特徵等。

　　這兩家公司的預測時間之所以都是20年，這是因為前面提過，客機的經濟壽命大約為20年，現在所使用的噴射客機在20年後幾乎都退役，且更換完畢。簡而言之，這個預測是針對全機型替換期間的總需求。

　　兩間公司的全體預測並無太大差異，其預測相同的部分如：今後20年內，航空旅客的需求量每年平均約成長5%，其結果表示噴射客機的數量必須增至2倍，牽引世界航空旅客市場的地區是中國以及東南亞地區，而需求量最大的則是單通道機艙，配備150～180席座位的機種等。但是關於超大型機種的需求量，由於空中巴士開發並販售了A380客機，因此空中巴士對於這項需求的預測量較大。

1.3 客機市場的轉換
是否要開發超大型客機

　　噴射客機的經濟壽命約為20年，也就是說，如果20年內現役的客機幾乎都會替換更新，那麼噴射客機的市場大約為20年區隔，每20年就會有一波輪替。實際上，在1960年代的波音727／737或道格拉斯DC-9、以及歐洲製的各種小型客機等登場後，短距離路線的客機也一口氣進化成噴射機種。接著自1980年代前半起，這些客機的後世代機種，也就是新單通道客機（150席等級）的需求量急速增加。

✈ 以747獨占超大型飛機市場的波音公司，在迎接超大型客機的20年輪替點之際，並未生產新機型，而是以747的改良機種來一決勝負。照片為波音747-8洲際飛機。　　照片／青木謙知

空中巴士的A320家族飛機，就是瞄準了這個時機所開發。其後再過了20餘年的今日，A320和737更導入新技術，進展到開發了新世代的新單通路機，接下來預估也即將因應需求量的增加。

以超大型客機來看，由於1970年為波音747首航，因此預估進入1990年代時，最好也開始進行新機型的替換。這就是為什麼空中巴士公司會開發A380客機，並在2007年讓A380開始上線首航。另一方面，由於開發這種超大型客機需要龐大的經費，風險也相對提高。

✈ 空中巴士公司開發了新世代的超大型客機A380，總計有2層樓高的客座。加上A380之後，所有種類的客機便齊備，讓空中巴士足以與波音對抗。

照片／青木謙知

　　因此波音公司幾經波折之後，決定不開發新的超大型客機，改成以747改良型客機來對應。會有這樣的決定也是因為受到市場調查結果的影響，由於市場調查顯示目前並無2種新機型能夠共存的規模，因此波音公司決定推出改良型。

　　雖然747-8客機是基於上述原因製造出來的，但在新技術的導入上、以及對使用者的宣傳等，相較之下還是全新設計的A380客機占領導優勢。

1.4 機體提案的策劃制定與評價

不是只要把機體做大就好

開發客機首先要做的，就是基本的機體規格策劃制定以及其評價。以空中巴士的A380為例，以下我們就來看看開發新客機需要哪些作業。

首先，空中巴士公司計畫要開發能夠替代747-400的新世代超大型飛機。其具體的機體規模目標為「適合國際線飛行，並設有3等級共600席規模的客座，且擁有比747-400更久、超過13000公里以上的續航力」。在上述前提下，更提出以下條件：不需要更換現有的機場設備就能夠直接就航；著陸後開始進行機上乘客以及手提行李的更替和加油等作業，到下一班次起飛為止所花時間（停航時間，turnaround time）壓縮在110分鐘以內。

接著空中巴士先針對機場的適性做調查，發現「80（m）」這個數字相當重要。這個意思是，機體總寬度和全長如果能夠壓縮在80m以內，無論哪一個機場都不需要蓋新的航廈，就能夠讓A380就航。機體全高也因與維修設備相關，而希望高度能夠在80英尺（24.38m）以內。

此外，如果全長控制在80m以內，機體軸距就不會過長，那麼幾乎所有的機場都不需要變更飛機滑行道和彎道的半徑，就能夠引進A380。

飛機與機場的適性還有一項也相當重要，那就是機場鋪面強度。空中巴士計畫設計的總重量為470噸，目標只比747-400重約70餘噸。為此，空中巴士檢討了各種主起落架的車輪配製以及數量，並研究如何將重量分散至機身。

最後設計出的A380客機，全寬79.80m，全長73.00m，全高24.1m，完全控制在「80（m）」的範圍內。總重量雖增至562噸，但整體由16個輪胎支撐（1個主輪的重量約為35噸）。

此外，空中巴士在設計A380的過程中，也摸索了數種機體設計。以下便以圖示介紹其中3種代表款式。

■ 並非只要高速就好

另一方面，波音公司在2001年3月29日發表「音速巡航機」，該客機並非747的衍生型，而是依據全新的概念所設計的中型客機。

巡航速度比起一般的噴射客機提高至0.8到0.95馬赫（註：馬赫值為飛行速度除以音速），它雖然不是超音速客機，但由於能夠以

■ 空中巴士公司所研討的各種超大型客機設計草案

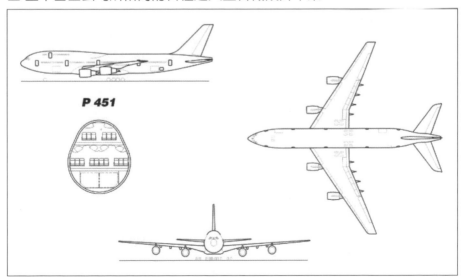

P 451

✈ P451。和波音747使用相同的「不倒翁」型剖面，前端機體為2層設計。2樓能夠設置的客座較少，因此這個草案若將機體控制在80m以內，則無法設置600席的客座。

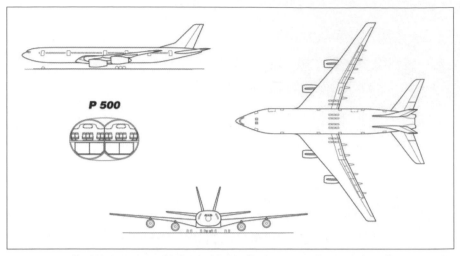

✈ P500。各種草案當中最獨特的水平雙連機體型。客機通常只從左側進出，在右側機體的乘客如何上下機成了最大的難題。此外，由於使用兩個寬大的機體並排，要將全寬控制在80m以內也相當困難。

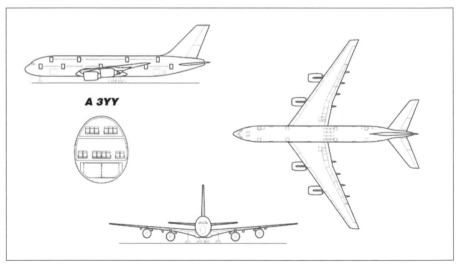

✈ A3YY。和之後的A380使用相同的橢圓型剖面，整體配備2層客座，但第2層客座為單通道，和A380的雙通道不同。機體做得較狹窄，優點是能夠減少空氣阻力，但是由於2樓的客座為單通道，乘客上下機較耗時，因此判定若設置600席，就無法達到將停航時間控制在110分鐘以內。

高速狀態進行長距離飛行，因此命名為「音速巡航機（Sonic Cruiser）」。針對將來預期的旅客需求量增加，波音公司並未打算

以大型客機來進行大量運輸，而預計以中型客機搭配新設計的運航路線，用分散旅客的方式來吸收增加的客量。但是高速飛行的音速巡航機需大量燃料費，因此運航的經費也確實會提高。

恰巧那時，2001年9月11日美國發生了劫持客機的恐怖襲擊事件，受到這個影響，一時之間航空的旅客人數大幅減少。因此比起高功能性的機體，當時的航空公司更需要經濟性優越的客機。

波音公司因應這樣的市場需求，改變生產新型飛機的計畫，預計生產高效率的中型客機「7E7」，這就是今日的787客機。由此可知社會上所發生的事情或案件，也會對客機的開發造成影響。

波音公司的新型客機從音速巡航機變成7E7（現在的787）。但無論哪一種客機，由於都屬於中型的長距離機種，因此兩種客機的基礎想法一致，都必須開設更多新都市的直航組合，以分散旅客的方式來消化旅客增加帶來的需求量。
照片／青木謙知

比什麼都重要的就是優先考量安全性

　　幾乎所有的產品都會在誕生後融入更新的技術加以改良，發展成新世代的新品。噴射客機也一樣，不僅在機體設計上，連裝備也經常導入新技術，進行新品的研究與開發。

　　使用電腦操控的線控飛行操作系統、以及駕駛員座艙中的新型抬頭顯示裝置，在現今已被廣泛使用。線控飛行系統是從戰鬥機使用的操控裝置開發而來，用來操縱控制的電腦軟體能夠保護飛行領域，也能設置各種自動校正功能，因此大為提高在操作面上的安全性。抬頭顯示儀則能夠在看到外界視野的同時，也清楚看見飛行的

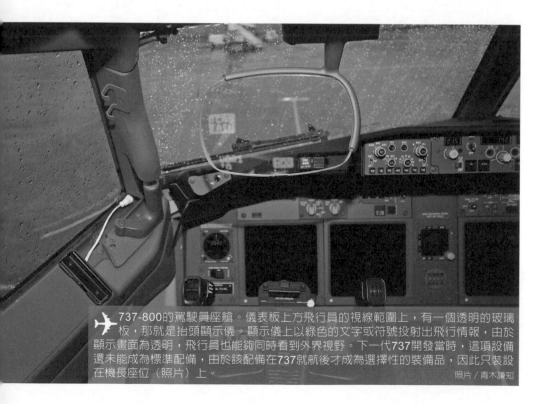

737-800的駕駛員座艙。儀表板上方飛行員的視線範圍上，有一個透明的玻璃板，那就是抬頭顯示儀。顯示儀上以綠色的文字或符號投射出飛行情報，由於顯示畫面為透明，飛行員也能夠同時看到外界視野。下一代737開發當時，這項設備還未能成為標準配備，由於該配備在737就航後才成為選擇性的裝備品，因此只裝設在機長座位（照片）上。

照片／青木謙知

✈ 空中巴士未
　來的概念客
機。在追求經濟性
以及環境合適性之
下，所產生的機體
外型，但這個款式
的客機何時才能實
際呈現在眼前，這
還是未知數。

照片提供／空中巴士

速度、高度以及姿勢等訊息，大幅提升飛行員的情境認知能力。

　　客機製造商在導入新技術時，重視以及判斷的基準點就在於該
項新技術導入後，是否能夠提高飛行的安全性。如果能夠擔保提高
安全性，即使在開發階段會花費些許經費，業者還是會積極導入，
相對地，就算是看起來不錯的想法，若對提高安全性沒有貢獻，那
麼就不會被採納。

　　這幾年雖然市場對於經濟效益和環境保護等議題也相當重視，
但最優先的課題仍為是否能確保以及提高安全性。

1.6 到提案之前的過程

製造商和航空公司互相緊密配合

開發機體的概念固定下來後，為了要將此事業化，必須進入蒐集訂單的作業。客機和汽車等交通工具不同，它的客層有限，顧客參與概念開發的情況也不少，因此新機體通常不會和顧客的需求差距太大。

但是隨著作業進行，在細部的詳細設計確定後，最終必須整合圖面，進入準備製造的階段。即使在這個階段，仍然需要傾聽潛在客戶等的需求。

這些過程是因為客機並非一般商品，即使是製造商，對於哪個部分應該怎麼做，才能夠提高方便性等的訊息、知識以及經驗都還不足夠。累積這些知識經驗的，是每天都在運航、持續使用這些客機的航空公司，因此最好的方式就是向這些航空公司請益。

細部的設計結束後，就完成了基本的機體設計計畫。這個階段和前面不同，製造商會對身為顧客的航空公司更加具體說明細部構造（雖然在這之前也有不少可能的狀況）。通常在此階段之後，會由董事會議等上層組織集體認可機體提案，整合後再開始向顧客提出販售計畫。

當然在這之前，製造商要開發何種機種已經事先傳開，因此進入此階段後，將展開更具體的商業部分如機體價格、交貨日期以及可安裝的配備選項說明等。

波音公司在開發787之際，針對以前各家航空公司能夠任意選擇的配備，也已事前經過某種程度的篩選，然後才導入可讓航空公司選擇的「目錄模式」。展示這些裝備的787展館就設置在西雅圖。上圖為客艙的緊急用裝備品，下圖為廚房的咖啡壺類用品，用目錄模式選擇就能夠將價格大幅降低。

照片／青木謙知

獲得啓始客戶

由數間公司組成客戶群

　　最早訂購新客機，並促使機體開發計畫啓動的顧客，就稱爲啓始客戶（Launch Customer）。啓始客戶的資格和數量、以及訂購客機的數量並無規定，只要製造商認爲「足以構成事業化」，新機體的開發計畫便會啓動（launch=開始的意思）。

　　這些啓始客戶的航空公司大多都是經營多條路線，能夠形成運

　　✈ A380的啓始客戶新加坡航空，同時也是最早讓A380實際就航的航空公司。照片爲展示機，機體上寫著「First to Fly A380」（首架飛航的A380）

照片／青木謙知

輸網絡的大型企業，但其中也有廉價航空公司（LCC）。此外也有
與數間航空公司同時交換契約或備忘錄，由數間公司形成啟始客戶
群。例如A380客機，最初與之交換正式契約的雖然是澳洲航空，但
其實在這之前，阿聯酋航空已發表購買意願，接著更有新加坡航空
以及維珍航空陸續加入，形成啟始客戶群。

✈ 大部分的啟始客戶都會成為最早收到該機種的航空公司。波音787的啟始客戶為全日
本空輸服務有限公司（全日空），因此該公司領先世界的航空公司，首先收到787機
體。

照片／青木謙知

29

Working Together的意思是？

　　波音公司在開發777客機時，將汲取顧客需求的作業命名為 working together（共同作業），並反覆進行多次會議，總合意見後擬出機體計畫。在研發787客機時也承襲這項作業，由日本航空公司和 TOTO公司開發了客機用免治馬桶，並且裝配在787部分洗手間內。歐美國家幾乎不使用具清潔功能的淋浴式洗手間，因此對於這項設備在日本的普及率感到不可思議。若這項設備未經飛機製造商與日本航空公司之間的共同作業，應該無法如願實現。

配備免治馬桶的波音787洗手間。雖然這項設備對提高安全性並無貢獻，但對於習慣淋浴式洗手間的日本人而言，是相當令人高興的裝備。
　　　　　　　　　　　　　　　照片／青木謙知

如何開發噴射客機

本章將介紹今日的噴射客機外型為何如此、以
及如何開發、如何決定製造方式等,同時也會
介紹關於國際分工的狀況。

Technologies of
jet airliner
manufacturing

2

第一架發展成今日的噴射客機雛形的，就是波音707。帶後掠角的主翼配置於低翼位置，安裝方式透過塔橋安裝工具將引擎下掛，這種方式至今仍有許多機種承襲使用。1/4弦線（主翼前後方向長度中，前向的1/4連接點）以及35度主翼後掠角也成為後來噴射客機的設計基準。照片是以波音707為原型的巴西空軍空中加油機KC-137。

照片／青木謙知

2.1 決定形狀及架構
一定有其合理意義

噴射客機的架構上，機體幾乎都是圓形剖面，且主翼都是在機體下方以低翼配置。一般而言，引擎的裝置方式有裝在後部機體（又稱為後置式）、以及裝在主翼下兩種，近年來小型客機幾乎都採後置式，但將引擎裝在主翼下方仍為主流。當然每架飛機的裝置方式都會因某些理由而被決定，因此絕對有其合理性。

首先，機體的剖面之所以多為圓形，是因為在高空飛行的噴射客機，其機內氣壓通常比機外氣壓高。噴射客機通常在10,000公尺左右的高度飛行，如果機內氣壓和氣溫與外部空氣相同，那麼高空氣壓僅有平地氣壓的一半，氣溫約為−50℃，這樣的環境不是人類可以生存的。因此飛機的客艙內，配有能夠維持舒適溫度以及提高氣壓（又稱為加壓）的空調系統。

現今幾乎所有的客機即使在高空飛行，客艙的氣壓高度也能夠維持在8000英尺（約2400公尺）內，這樣的氣壓大約和日本富士山的新五合目標高相同。機艙內氣溫當然也設定在最適宜人類生存的20℃左右（實際設定一般由空服員調整）。最先進的機種波音787，甚至將機艙內高度壓力降至6000英尺

左右（約1800公尺），提供旅客更接近平地的環境。

以加壓裝置來從機體內側提高內部壓力時，若剖面以圓形構造呈現，優點就是無論機體內任何一個部分，都能夠平均加壓，而且又能將構造簡化，在設計和製造上也比較輕鬆容易。有些小型飛機機體剖面呈現四角形，但這樣的機種在內部所需的加壓會因地點不同而改變，因此無法裝配加壓系統。

空中巴士在開發A300之際，開發出直徑222吋（5.64m）的圓形機體。客艙若為經濟艙，則可設置2條通道，橫排共8個座位，底下的貨艙在「能夠橫放2排標準行李箱」的條件下，也盡可能仔細設計出合理的大小。空中巴士在開發A330／340兩架飛機時，也未改變其機體設計，延續同樣的圓形剖面。照片為A300-600F。

照片／青木謙知

■ 主翼採低翼配置最為合理

客機機體原則上為雙層構造，地板面的上方為客艙，下方則設置貨艙。為了確保其搭載力，兩艙都必須規劃一定的空間，因此機體必然會變寬胖，另一方面，考量到要讓貨物容易裝卸，機體位置最好盡可能壓低。

如果只考慮機體位置，只要將主翼採高翼配置就能讓機體降低，但若將機體分為客艙和貨艙雙層構造，貨艙的部分就會讓機體拉高，導致機體位置無法降低，而且也會讓機體重量增加。

因此，高翼式的客機都是客座100席以下的小型飛機，或者是貨物量較少的區域性支線專用機等，這種配置也可說是一種例外。針對適用於各種路線的客機，如果採高翼配置反而沒有優點，因此今後低翼配置應該會繼續引導主流。

為數較少的高翼配置噴射客機之一，烏克蘭的安東諾（Antonov）An-158。該飛機沒有設置地板下方的貨艙，因此機體能夠設計在較低的位置，但這樣的配置會讓主翼以及尾翼的構造重量增加，機體也會變重。這樣的構造無法在客座100席以上的客機成為主流。

照片／青木謙知

✈ 大多數的飛機都沿用船舶既定的上下船規則。通常乘客都由左邊上下機，為了方便機器的使用以及讓員工作業，在裝卸地板下方的貨艙物品時，都從右邊進行。照片為開啟前後方貨艙門的日本航空波音777-200。

照片／青木謙知

■ 人從左側上下機，貨物從右邊裝卸

　　旅客通常從飛機左側上下機，因此機體左前方設有乘客登機門。機體的右側同樣也有機門，現在的噴射客機將右側機門設置成和乘客登機門一樣。客機的機門分別設在機體左右，目前左右機門的大小原則上相同，兩者可兼作登機門和緊急出口。其中例外的是主翼上方的緊急逃生門，它的尺寸相當小。它除了可當作緊急出口，還可以當作地面上的服務門（作業用），用來補充及裝卸機內設備、飲食等，以及提供機內清潔員等相關業務人員出入使用。

　　由於乘客從左邊上下機，其相關設備也集中在機體左側，因此

貨艙的裝卸就必須在右側進行。這就是為什麼在飛機設計的結構上，客艙門固定在機體左側，貨艙門則固定在機體右側。

乘客之所以從左側上下機，這是取自船舶的運航規則。在航空旅遊發展初期，大型飛行艇相當活躍，這種飛行艇也會在海上航行，因此適用於船舶的航行規則。在這之後的客機便承襲此規則直至今日。不過在1970～80年代，當時日本羽田機場裡沒有充足的停機空間，因此曾經讓旅客從右側上下機。

■ 引擎及燃料的搭載位置是大學問

飛機內部取得重量平衡的地方，稱為重心位置。重心位置會根據飛機裝載物品的平衡而改變，但大體上說來，一般位於主翼和機體各自的中央位置附近。

開發三發動式廣體飛機DC-10的麥道公司（現在的波音公司），接著開發出高科技版的MD-11。基本設計沿用DC-10，配置於機體後部的3具引擎為特有裝備，貫穿垂直尾翼。照片為貨機型的MD-11F。　　　　　　照片／青木謙知

　　飛行中的飛機必須將重心位置壓縮在一定範圍內。因此重物或在飛行中會改變重量的物品，配置於重心位置附近最為合理。客機的各種裝備品裡，最增加機體重量的就是引擎，例如A380所使用的Engine Alliance（發動機聯盟公司）的GP7200發動機，一具引擎的重量是6721公斤，4具引擎總重約27噸。雖然這和A380的總重量560噸相比，僅占其中不到5%，但如果將引擎大小（直徑2.95公尺，全長4.75公尺）考慮進去，它確實是個大型且十分重的元件，因此最適合安裝在重心位置附近的主翼上。

　　飛行中的飛機，重量會大幅改變的就是燃料。只要飛行，燃料就會消耗，因此出發時的燃料重量和到達時相比，重量當然不一樣。燃料的消耗量會依當日飛行的風速以及飛行高度、飛行速度等多種因素而改變。

波音787-8在極平常的天氣狀況下，於8,425海浬（15,455公里）的距離範圍內，在巡航高度41,000英尺（12,497公尺）、巡航速度0.85馬赫下飛行，若起飛時裝載189,760磅（86,075公斤）的燃料，著陸後燃料會減至18,004磅（8,167公斤）。該趟路程的燃料消耗量為17,1756磅（77,909公斤），耗損比例占起飛時搭載量的90%以上，因此會產生相當大的重量變化（換算誤差約為1kg）。

因此燃料的最佳配置位置，也是在重心位置附近。不只民航客機，大多數的飛機都在主翼內設置油箱，原因就在此。如果將引擎附掛在主翼下，油箱配管也可以縮短，這也是優點之一。

■ 引擎也能裝在機體後部

另一方面，如果引擎像前述一樣附掛在主翼，機體的位置就會變高。這樣的機體用在區域支線等設備較不齊全的機場時，就產生了意料之外的大問題，而且在乘客上下機，以及貨物、手提行李等裝卸上，機體位置如果較低，便利性也較高。

因此1960年代所登場的小型噴射客機，其引擎皆採取裝設在後部機體的左右兩側，這個方式也應用於多數機種。霍克西德利（Hawker Siddeley）的HS121 Trident（三叉戟式）以及波音727飛機更追加一具引擎，開發出三發動機式的飛機。三發動機的其中一具引擎必須配置於後部機體，但這樣的構造能將雙發動機的海上飛行限制等各種束縛全數消除。其後，為了配合目標將客機大型化的1970年代，洛克希德（L-1011 TriStar，洛克希德三星）和道格拉斯（DC-10）開發的三發動式飛機，除了將雙發動式飛機產生的問題消除之外，更加入比四發動式飛機具經濟性優越的考量。

要在後部機體附掛第三具引擎，遇到的問題就是機體上有垂直

✈ 將引擎配置於後部機體，那麼後部機體的左右兩側就無法裝設水平尾翼。因此又研發
出在垂直尾翼上端裝置「T字型」的水平尾翼。照片為由DC-9系列所發展的機種之一
MD-87，無論是引擎配置還是尾翼的形狀等，多數都沿襲DC-9飛機。　　照片／青木謙知

尾翼。世界首架三發動機噴射客機的霍克西德利HS121 Trident，將
第三具引擎裝設在後部機體內垂直尾翼前的空氣吸入口，並在該處
配置S型導管讓空氣導入引擎。這個方式也用於波音727飛機。

　　洛克希德公司在開發廣體三發動式的洛克希德三星飛機時，就
沿用了這種引擎配置方式，但開發DC-10的道格拉斯公司則改採自行
設計。道格拉斯公司採用的方法是將引擎貫穿配置於垂直尾翼，如
此空氣便能直接流入引擎，垂直尾翼內的設計也能夠簡化。但是它
產生的問題就是會讓垂直尾翼整體面積以及方向舵的面積變小，雖
然高科技版的MD-11飛機也承襲這種配置法，但整體評價並不高。

■ 大型飛機的標準配備是可縮減調節式的水平尾翼

客機為一般的民航機，因此在主翼產生升力飛行時，為了要穩定方向性，必須在機體附加垂直尾翼（用來操控機首方向的方向舵）。此外飛機尾部也裝置能夠控制機首上下方向的升降舵水平尾翼。水平尾翼通常也能針對機首的上下姿勢進行俯仰配平的調節操控，因此尾翼整體都能夠活動。這種又稱為可配平水平尾翼（THS：Trimmable Horizontal Stsbilator），一般用於大型飛機的標

世界第一架三發動式噴射客機，霍克西德利HS121 Trident。其中2具引擎各配置於後部機體左右側，第3具引擎則配置於後部機體內。第3具引擎的空氣吸入口就裝在垂直尾翼的前緣。其後，這便成為三發動式飛機的後部機體標準設計。

照片／歐文·斯通（Irving Stone）

準配備。

　　如果引擎配置於主翼，水平尾翼就能夠配置在後部機體的左右側，但如果後部機體配置了引擎，就沒有其他空間能裝配水平尾翼。因此將引擎裝配在機體後部的機種，會將水平尾翼置於垂直尾翼頂端，且因其形狀而稱為「T字型尾翼」。不過即使是T字型尾翼飛機，其水平尾翼一樣具有THS功能。

■ 在衡量成本下制定出的主翼後掠角

　　大多數的噴射客機都是在0.8馬赫以上做巡航飛行的高速飛機，為了避免增加對衝擊波的抵抗，於是在主翼附加了後掠角。後掠角和引擎推力及其他部分的設計也有相關，當後掠角較小時，就能夠在更高速下巡航，相反地若沒有高速飛行的必要時，只要將後掠角放寬，就能做更有效率的飛行。

　　後掠角會因機種目的不同而有所變化。例如要開發續航距離較長的長途客機時，如果將後掠角縮小，巡航速度就能高速化，飛行時間也會縮短，但是這樣就必須消耗較多的燃料。相對於此，若將後掠角放寬，燃料消耗就能降低，但是巡航速度會變慢，需要更多飛行時間，而這些飛行時間也同樣會消耗燃料。

　　巡航速度最多也只有0.80～0.84馬赫的些微差距，可說只有10%左右的差別，但是長距離航線飛機通常都飛行超過10小時，以飛行時間來看，就會有1小時左右

的差距。哪一種方式整體而言較為經濟，這還會依其運航方式不同而有所改變。就算是一個後掠角，在設計上也必須考量所有要素加以綜合檢討。

　　主翼的翼尖上設有翼刀，或在翼尖上配備彎曲的翼端帆，現在有這些配備的客機不斷增加，這些配備能夠防止主翼端上產生的阻力，不但能得到延長翼幅的效果，還能延伸續航距離。

主翼端上設置翼端帆的紐西蘭航空波音767-300ER。翼端帆有各種形狀，但無論哪一種，其共同目的都是減少翼尖所產生的阻力，並增長續航距離。

照片／青木謙知

2.2 以數位模擬法設計

逐漸消失的木製實體模型

　　客機的設計及製造方式近年來已逐漸改變。在設計上導入了電腦輔助設計（CAD），進化為無紙化，甚至也能和合作企業結合，所有參與計畫的公司都導入共通系統，以網絡連結後在電腦上進行所有設計。

　　以CAD設計客機，幾乎已成為常態，各部位負責設計的企業在共通的系統內進行電腦設計，接著將每個部位組合後就完成一架飛機的設計。過去由不同的設計員以圖版繪製大量圖面，再將所有圖面整合。現在比起當時，已大幅實現了無紙化。藉著導入通訊功能，不僅能在電腦上做圖面交換，也能夠進行會議討論。　　照片提供 / 達梭航太（Dassault）

　　此外，過去爲了確認設計是否正確，在製造實體機之前會先製造出木製實體模型。這個實體模型是爲了確認在二元圖面上無法呈現的部分，如所有配備是否能完整收納，以及配線和配管是否互相干擾等，但今日這些作業都能夠以三次元的電腦圖像來進行數位模擬，目前已不需要製作木製的實體模型了。

✈ 電腦圖像呈現的例子。在三次元全彩的圖像下，無論是裝備的配置或配線、配管的協調性、以及機體構造的外觀等都能一目瞭然，因此不需要製作和實體一樣大的模型（原則上爲木製品）。電腦圖像在開發新型飛機時，能夠大幅降低開發經費。照片中的數位模擬飛機是達梭航太新開發的三發動式商務噴射機Falcon 7X。　　照片提供／達梭航太

開發所使用的機體數量和種類
如果無法取得型別檢定證就沒有意義

　　客機開發的最終目的就是取得型別檢定證（Type Certificate），並交付給顧客。型別檢定證是針對其設計、製造的飛機強度，以及構造功能是否合於固定標準的一項證明，主要針對完成設計的待審查飛機之現狀進行查核。

　　負責審查並發給證明的是各國所屬機關，原則上都以該製造商所在國家為主。日本的所屬機關為日本國土交通省航空局，美國則為聯邦航空總署（FAA），歐洲則是歐盟機構的歐洲航空安全局（EASA），台灣是交通部民用航空局（CAA）。

　　此外，若是由各國所屬機構協議審訂，只要交付其中一個機構所授與的型別檢定證，就能夠在其他機構取得相同證明文件。

　　如果飛機能夠取得型別檢定證，就等於該飛機能夠進行量產及販售，也代表新機型的開發告一段落，但如果未能取得證明，該飛機就會成為未完成品，不但無法販售，也不能進行運輸，可說是失敗的作品。

　　在取得型別檢定證前，必須經過各種不同的實驗，需要蒐集的實驗數據量也非常大。為了要因應這些實驗的目的，必須使用數架機體。這些實驗機體可大分為飛行實驗機，以及地面實驗機，地面實驗機一直到結束任務前，都絕對不會參與飛行。

2.4 飛行實驗機

從試飛到娛樂系統的操作測試

　　實驗作業所使用的機體當中，實際用來飛行並測試其功能、特性以及對環境的合適性等的，就是飛行實驗機。

　　過去的飛行實驗機必須製造並使用數架機體，今日的噴射客機引擎改為選擇系統，因此必須有每種引擎的飛行實驗機，所需機體

✈ 利用積水跑道進行煞車實驗的A380。此項試驗不只確認飛機在這種困難的狀況下也能安全停下，也確認吸進大量水的引擎是否有問題。

照片 / 空中巴士

數量更加增多。以波音777而言，即使扣除機體加長型的777-300，仍然使用了9架實驗機。而空中巴士A380以及波音787，即使引擎只有2種，但這兩種飛機還是先使用了5架實驗機進行試飛（關於引擎製造商將在第6章提及）。

通常每架飛行實驗機都會被分配到主要的實驗項目。以A380為例，其1號機、4號機和9號機主要針對各種系統以及飛行特性、操縱性進行試飛，2號機和7號機則配備了客艙，用於客艙開發及確認（3～6號機以及8號機並非飛行實驗機）。

在功能以及操縱性的實驗當中，會針對機體失速特性做調查，以及確認飛行中產生的顫振、起降功能等，並在澆滿水的跑道上進行煞車實驗。此外，考慮到客機在實際運航時，可能會在極寒或極熱地區就航，因此飛行實驗機必須在高溫的機場或冬天寒冷地區等各種環境下進行實驗，證明機體能夠正常運航。其餘還有在強烈側

正在進行最小離地速度實驗，也就是確定可操作的最低速度實驗的A380。如果能減緩這個速度，就能夠讓起降的速度變慢，藉此縮短起降跑道的距離。由於此實驗是在最低速極限內將機首大幅拉高，機體在還沒升空前會呈現向前抬起的姿勢，同時照片中在機體下方的跑道上設有特製的防護套，用來分散大量火花。

照片提供／空中巴士

✈ 在加拿大伊魁特進行寒地實驗的A380風姿。隆冬進行的實驗，外部氣溫降至－29℃，藉由實驗確認，即使在極寒冷的環境下，引擎啟動以及各種系統皆能如常作用。

照片提供／空中巴士

風下著陸等無數個要進行實驗的項目。

　　即使引擎不同，這些實驗測試的項目仍然共通，因此不管用哪一個引擎測試，其結果都能適用於其他裝備型號的引擎上，因此不需要重複實驗。僅需針對因引擎不同而會產生改變的部分，進行確認實驗。

✈ 空中巴士於2007年3月，與德國的漢莎航空（Deutsche Lufthansa AG）共同進行了一系列的路線運航測試。照片為該測試中，由法蘭克福飛至香港的其中一個場景。空服人員對各個等級的客艙提供機上服務，而客艙中也載滿許多測量裝置。這趟飛行的「乘客」主要是漢莎航空與空中巴士的相關人員以及媒體記者，另外還有由當地廣播電台招募獲選的50名人士。

照片／青木謙知

波音787在飛行測試的最後階段，以飛行實驗用2號機飛至日本。這趟飛行是飛機就航前的準備運航試飛（SROV）作業，由於第一個開啓787運航的啓始客戶為全日本空輸，因此實驗的目的在於確認該公司陸地設備的合適性。SROV和其他的飛行測試項目不同，它並非必要項目。照片為2011年7月3日上午，因SROV試飛作業而抵達羽田機場的787飛行實驗2號機。　　　　　　　　　　　　　　照片／青木謙知

■ 模擬實際操作以去除「錯誤」

　　試飛的重要目的之一，就是調查失敗錯誤。當然飛行中最好不要發生任何事故等失敗錯誤，可惜目前的技術還無法做到零故障。因此在試飛階段必須假設各種飛行環境並進行操作，其中如果發現問題點，就能夠及時採取對策，讓實際飛行後不要發生這些錯誤。

　　客艙中的測試從閱讀燈以及娛樂系統開始，加上確認所有人員是否能在規定時間內逃生等，這些都是主要測試項目。實施這項作業，客艙中必須有人員實際搭乘，且依據測試的逃生時間，會決定飛機能夠設計的最大乘客數量。以A380而言，空服員和乘客共計873人（乘客座計853席），實驗證明能夠比規定的90秒少，以78秒的速度逃生，這個數字就成為A380能夠裝設的最大客座數。

✈ 波音787飛行實驗用5號機。這是787飛行實驗用的最後一架飛機,在2011年2月前,為了取得型別檢定證而持續進行試飛。787在2013年初發生了一連串的事故,因此變更了電池等設計,這些變更後的飛行實驗仍繼續使用787飛行實驗用5號機來進行。

照片 / 青木謙知

　　A380的7號實驗機在試飛的後半階段,便用於路線運行測試。這項測試是對航空公司的實際飛行模擬,因此會獲得航空公司協助進行。測試中會讓乘客實際搭乘,確認乘客託運行李、從出發地到目的地間是否能依照正常程序毫無問題地進行,以及乘客預約系統是否能正常運作等,一切從地面作業開始操作。

　　再者,路線運航測試還會針對飛行中提供給機內乘客的各種服務以及功能等的實際使用評價,並確認客艙空調、照明以及娛樂系統的運作功能,從出發地至目的地之間,機場利用是否無問題等,還有確保飛機能夠使用空中航線飛行、以及航行中不會影響其他飛機等,這些運航的合適性問題都必須在實際飛行前一一排除,因此必須做各種試飛確認。

靜態強度實驗機與疲勞實驗機

　　為了取得型別檢定證，除了飛行實驗機之外，還需要使用兩種地面實驗機。其中一種用來確認機體構造是否有一定強度，又稱為靜態強度實驗機。靜態強度實驗機的機體各部會反覆接受負重，用來證明機體具有必須強度，最後會加以極限荷重將機體破壞。開發波音777時，以超過設計標準的103%（相當於2倍的重量）荷重將機體破壞，但近年也有人認為不需要進行破壞測試。

　　另外一種則為疲勞實驗機。疲勞實驗機用來測試機體構造的耐

✈ 空中巴士A380進行疲勞實驗的樣貌。疲勞實驗會忠實呈現機體全體在實際飛行時所承受的荷重。進行實驗時，會搭起照片中的實驗台，並將機體放在實驗台上，依照時程進行測試。

照片提供／空中巴士

久性是否能負荷設計壽命，這個測試和靜態強度實驗機相同，都必須反覆加以負荷。靜態強度實驗機是在短時間內於機體上附加荷重，相對於此，疲勞實驗機則是模擬實際飛行運航環境附加荷重，因此疲勞實驗機的步調較為悠閒。根據疲勞實驗機的實驗結果，也能夠將機體壽命修正得更長久。

　　以最近開發的新機種為例，每個機種都會各製造一架地面實驗機。兩種地面實驗機的實體大小當然與實機的構造完全相同，但由於地面實驗機不需要飛行，因此與飛行相關的飛行儀表、操作系統以及燃料系統等都不在配備內。

✈ 波音787的靜態強度實驗機。在機體及尾翼、主翼等部位加上荷重，以多項重點針對荷重多寡、以及構造變形等進行測量調查。

照片／青木謙知

2.6 決定製造方式

將疲勞實驗機轉包，或交給共擔風險的合作者

　　到啓始機體計畫前，製造商必須自行決定許多事。如果和製造領域相關，又可分爲在哪裡製造（最後組裝工廠的設立點）、製造工程的流程以及製造方式確定、選定合作者或參與計畫的企業、以及決定各公司的負責領域等，項目橫跨各方面。僅就參與計畫的企業來說，製造商也必須決定其型態和參與企劃的比例。

　　參與新機型開發企劃的形態大多可分爲以下兩種。其一是以第二承包商的模式加入，一般來說是將指定的部分生產製造並交貨，以轉包商的模式參與。

　　另一種方式是以共擔風險合作夥伴（RSP：Risk Sharing Partner）的模式加入。製造商首先決定合作者參加的份額，再依據其參與量決定作業量、對企劃的出資比例、以及計畫成功後的分紅等。日本航空產業對波音公司的新機型開發企

劃，從最早的767以來，到目前一直採RSP參加模式。767的參與比例約為15%，到777時比例提高至21%，最新的787客機則達到35%。

以RSP參與企劃後，多數也會被委任負責製造部分的詳細設計。以787為例，日本企業需負整體作業的35%的生產責任，但另一方面，787企劃中若產生利益，日本企業也有權分得其中的35%。

RSP參加型態並非單只有轉包作業，而是負有連帶責任，且被委任的範圍也較廣，甚至也可以說這種型態是比較值得的作業模式。

日本於767客機開始，便加入波音客機的共同開發及生產作業，接著在777企劃中更負責中央機體、後部機體、尾翼以及機翼整流片、中央翼等。因此對777的分擔責任比例也自767的15%提高至21%。到了787更增至35%，對使用先進複合材料的部分也大幅增加負責項目。照片為波音公司在埃弗里特工廠組裝中的777機體，日本負責的尾翼部分也正在安裝。

照片／青木謙知

2.7 轉向分工的過程

零件升級使得專業製造商抬頭

　　客機原本就是由大量零件及元件類製品組裝而成，這些零件中，也有不少特殊品項，若非專業製造商則無法開發製造。

　　代表之一就是引擎，這項元件無論是波音公司還是空中巴士都

✈ 專門的製造企業相當多，接受訂單的競爭相當激烈，其中一項配備就是座椅。是乘客最切身接觸到的一項裝備，因此無論是為經濟艙還是頭等艙，都不斷推陳出能夠提高舒適性的座椅。照片為用於787客機而開發、試做的部分客座。　　照片／青木謙知

無法製造。現今因機體邁向高科技化，電子機械類的裝備也一樣須由專業製造商生產。

　　例如在駕駛員座艙中一般常用的液晶顯示器，當然也有負責將整體裝置組裝備齊的企業，就連液晶顯示器的零件，也分成機板和螢幕面板，並各自從專門負責的企業買進。

✈ 航空公司不斷推出新點子，尤其是頭等艙，更邁向單人房風格化的做法。照片為阿聯酋航空的A380飛機頭等艙，機內將頭等艙改為重視乘客隱私的單人房。阿聯酋航空同時也在波音777等其他機種內引進單人房的頭等艙座位。
照片／青木謙知

　　空中巴士公司是歐洲在開發300人搭乘的大型客機時，集結了西歐的飛機製造商，為了對抗擁有強大開發、製造、販售能力的美國飛機製造商所設立的企業。這是因為歐洲單一國家的企業無法與美國對抗，而且若各國同時競爭，有可能造成同時倒閉，因此選擇團結為一。

　　為此，雖然總公司設置於法國，但它的型態屬於完整的國際合資企業，由眾多合夥企業構成。其後，歐洲地區進行了航太產業整合，組成空中巴士的各公司最後都納入EADS旗下，其結果，空中巴士現已100%成為EADS的子公司。

　　從過去一直以來的各加盟國分擔作業模式並未改變，分別由空中巴士法國分公司、空中巴士德國分公司、空中巴士英國分公司以及空中巴士西班牙分公司，四個國家的四間公司決定負責生產的部位，然後再分配至各國內的工廠。最後組裝的工廠則依機種而定。

　　分擔空中巴士作業的分配，自然以各加盟公司為優先。另一方面，也會有因應每個企劃而加入的新合作企業，以A380為例，就有因RSP作業模式而加入的新合作體。這對需要花鉅額開發費用的超大型客機而言，是個分散風險的好方法，因此A380客機在一開始的開發企劃裡，就規劃了最大至49%的RSP合作夥伴（即使開放49%合資，空中巴士仍為較大股的51%，因此可完全掌控開發企劃）。

　　A380企劃中，開放外部參加的RSP企業，實際參加數共有10間（僅公開部分），總計比例占29%，雖遠不及空中巴士預設的比例，但由於以共同承擔風險的方式，納入了在此之前未曾加入的企業，

✈ 位於加拿大蒙特利爾的金屬加工企業Mecachrome International公司擁有高精度的精密加工技術。這家公司在空中巴士製造的客機中，也以副承包商的身分負責作業，照片中正在製造A330的前輪收腳架。這個部分是相當複雜的構造，必須有相當高的製造技術，因此由像Mecachrome International一樣的專業公司登場。 照片／青木謙知

這對接下來的技術吸收面也十分有意義。

　　空中巴士在製造各機種時，也會請共同企業成員或RSP以外的企業來負責各項作業。這些企業就會利用各自負責的獨特技術，製造出合於要求的產品。

空中巴士客機的主翼從一開始就由英國的英國宇航公司（British Aerospace，現為英國航太系統公司，BAE Systems plc）負責設計及製造。現今的空中巴士英國公司亦繼承前例，維持空中巴士主翼＝英國製。照片為位於布勞頓的空中巴士英國公司工廠所完成的A380主翼，正在等待出貨。

照片／青木謙知

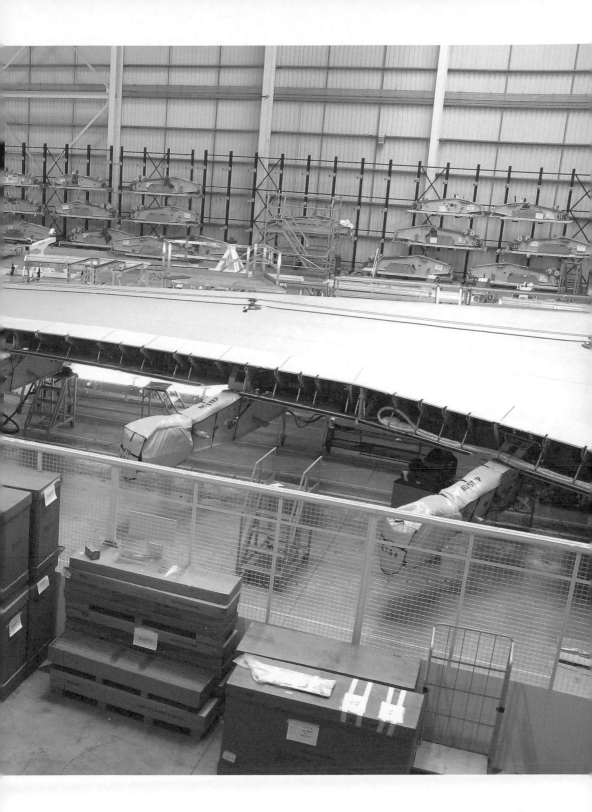

以波音公司為例

　　今日波音公司的前身，是隸屬航空機械製造業的太平洋航空產品公司，它成立於1916年7月，隔年4月26日將公司更名為波音飛機公司。

　　波音公司和其他的美國飛機製造商一樣，在第二次世界大戰中受惠於多數飛機製造的特別需求，讓它在飛機事業版圖急速成長。其中波音公司經手製造了B-17及B-29兩架4具引擎的大型轟炸機，因此累積了大型飛機的製造經驗，於戰後率先以國家支出開發，製造出噴射

✈日本在波音公司的客機製造計畫中，率先以RSP企業參與的型號為767，參加占有比率約為15%。負責製造的部位為機體（前方、中央、後方）以及主翼肋板等。照片為日本航空的767-300ER。
照片／青木謙知

型戰略轟炸機，這對它日後在開發噴射客機上，也相當有幫助。

　　波音公司今日的民航機部門以及國防、太空部門的年銷售量大約各半，但在1980年代時，該公司銷售量約有80%都在民航機部門，可說是專門製造噴射客機、完全不仰賴軍用機的獨立飛機製造商。再者，波音公司爲完全獨立的民間企業，它藉由開發、銷售新產品，以及吸收合併其他公司，才擴展至今日的事業規模。這一點和其他製造商相同。

　　因爲它是這樣的企業，所以波音公司的相關企業以及貿易合作夥伴多數爲美國的企業，原則上和國外企業無合夥關係，其機體也幾乎都由自己或美國的企業製造。

　　改變這個狀態是從波音767計畫開始，1978年9月，波音公司發

布消息，指出將邀請日本企業，以RSP加入企劃。會這樣發展，其背景也是因為日本有強烈需求，另一方面，波音公司也判斷，日本公司加入既能夠分散風險，又能吸收日本的製造能力。其後，波音公司和日本持續維持緊密的合作關係，義大利的企業也和日本一樣，自767以後也以RSP企業參與波音公司的開發及製造。

在787開發計畫中，更有義大利分梅卡尼卡集團（Finmeccanica）下的阿萊尼亞公司（Alenia）、以及美國的沃特公司（Vought）共同組成美國全球航空公司（Global Aeronautica），並且以26%的占有率參加波音公司的計畫。但是，這個嶄新的嘗試並不順利，現在美國全球航空公司已解散，其負責製造的部分仍由波音公司接手。

原本負責製造尾端（第48部分）部位的是美國全球航空公司，但因該公司解散，轉由波音公司負責，並將它發包給大韓航空。因為這樣的原委，大韓航空便成為787計畫中，第一個直接從波音公司接到製作機體構造訂單的企業。雖然大韓航空在此計畫中所占的比例相當少，但它仍成為787企劃中的RSP企業。

照片／青木謙知

2.10　波音公司和西雅圖

從總部到組裝工廠、以及配送中心都聚集在一起

　　擴大事業並持續成長的波音公司（The Boeing Company）現今將總公司設於美國伊利諾州的芝加哥市。但是旗下負責處理客機事業的波音民用機集團（Boeing Commercial Airplanes，BCA）總部則在華盛頓州的西雅圖市，工廠等各種設備也在華盛頓州內。

　　這些據點如下頁地圖所示，其中蘭頓工廠緊鄰蘭頓市營機場，埃弗里特工廠則緊臨潘恩機場，由於這兩處工廠都位於機場附近，各工廠內製造完工的飛機都會先在鄰近機場第一次試飛。之後的試飛作業主要會在位於西雅圖市中心以及西塔國際機場之間的波音機場進行，但如果是大型客機，也經常在潘恩機場試飛。

　　BCA的總部位於西雅圖市中心南方約20公里處，該地區鄰近西塔國際機場，稱為朗埃克地區。進行客機最後組裝的主要工廠是前述的蘭頓工廠以及埃弗里特工廠，其中蘭頓工廠同樣也緊臨西塔國際機場。

　　其中只有一處工廠比較遠，那就是埃弗里特，它位於西雅圖市區中心向北約40公里處。埃弗里特工廠離加拿大國境較近，幾乎可說位於華盛頓州北部外圍。加拿大西海岸最大都市溫哥華，也僅距離埃弗里特約80公里。

　　波音公司以波音機場內的蘭頓工廠為據點，開始拓展事業。第一架有名的噴射機為707，它就在蘭頓工廠進行最後組裝，其後，727、737及757等單通道飛機都使用同樣的機體設計剖面，並且在蘭頓工廠中設置最後組裝線。

　　另一方面，埃弗里特工廠最初是為了製造超大型客機747而建。

■ 西雅圖周邊的波音相關建設及地名
❶波音民用機集團（BCA）總部所在地
❷蘭頓工廠：737最後組裝工廠
❸西塔國際機場
❹波音機場：實施各種客機的試飛作業。交貨中心也在此處。以後預計將新的交貨中心
　設置於埃弗里特工廠內。
❺埃弗里特工廠：廣體飛機（747、767、777、787）的最後組裝工廠

出處 / Google Map

VFW Fokker 614

　　採用截然不同的引擎配置的機種，就是德國VFW Fokker所開發的614飛機。這款飛機在1971年7月14日第一次飛行，屬於40人乘坐的小型飛機，主翼上方配置引擎。這個方式讓主翼保持乾淨，目的是為了發揮它的最大效果，但引擎的維護性（尤其是引擎裝卸）不易，因此並無其他客機採用這種配置。只有在商用噴射客機當中，由Honda開發的Honda Jet將引擎配置於主翼上方。

主翼上方設置派龍（pylon），在鐵塔上搭載引擎的VWF Fokker 614 照片／筆者所藏

※派龍：銜接機翼與發動機的結構。

波音787是如何製造的？

3

787是眾多機種輩出的波音公司之最新機種。本章將詳細介紹787的製造工程，同時也會提及在日本等地區進行製造的樣貌。

Technologies of
jet airliner
manufacturing

波音在787的最後組裝方式選擇了不同於和其他機種的做法。其目的之一就是要縮短製造期限，因此每月便能夠生產10架飛機。照片為埃弗里特工廠，在南卡羅來納州的查爾斯頓工廠同樣設置了幾乎相同的生產線。

照片／青木謙知

3.1 最後組裝線的特徵

全面運作的狀態下每個月生產2架

　　波音公司在787的最後組裝生產線上，採用了和過去所有機種完全不同的嶄新方式。這個方式稱爲位置組裝法，主要目的是縮短最後組裝的時程。位置組裝法中，將組裝線上設置四個位置，組裝中的飛機在各個組裝位置組裝完畢後，就會往下一個位置移動。

　　後面會說明每個組裝位置的作業流程，但在四個組裝位置當中，原先預計第三位置的作業內容和第四位置的作業內容相同，因

4棟最後組裝線並排的波音公司埃弗里特工廠全景。787的最後組裝線就在最內側的建築物裡。放置於工廠前的787除了裝設引擎之外，其他作業都幾乎完成，正在等待塗裝作業。

照片／青木謙知

此組裝位置的種類實際上只有三種。如果每個位置的作業時間為10天，那麼30天（1個月）就能夠完成1架飛機。

　　波音公司因為接收787訂單的狀況良好，因此在美國東南部的南卡羅來納州查爾斯頓市也蓋了787的最後組裝工廠。組裝作業工程和埃弗里特工廠完全一樣，但只有機體塗裝設備並未設置，因此塗裝需仰賴外包。這是因為如果要設置新的塗裝設備，花費就會提高，因此委任專業的廠商。

　　兩座工廠若在全面運作的狀態下，787可以每個月2架的速度生產。以這個等級的客機來說，這是步調相當快的生產速度。

3.2 第1組裝位置與MOATT

機體結合組裝、安裝主翼

最後組裝作業的在一開始的作業位置為第1組裝位置，但工廠內也有第0組裝位置。這個位置主要是將運至工廠的大型元件完成裝備作業（例如在水平尾翼上架設升降舵），將最後組裝作業的前置準備備妥。

組裝作業一開始的第一位置作業，主要是完成機體框架。將構

✈ 埃弗里特工廠的第0組裝位置。雖然這個部分並非正規的最後組裝生產線，但各種元件都會運到這哩，並在此針對所需進行事前組裝作業。照片為全日本空輸用的787方向舵。
照片／青木謙知

成中央機體部位的第43～46部位和主翼、前部機體第41部位以及後部機體第47及48部位結合後，再裝上各尾翼。

　　主翼則在第43～46部位組裝前，在組裝位置的兩邊先裝設前緣及後緣動翼，接著將機體各部位以及主翼運至專用的台架，最後便與MOATT這個大型機械塔結合。MOATT是「Mother Of All Tools Tower」的簡稱，可說是「萬能工具塔」的作業用設備。

✈第1組裝位置中，進行的作業是機體結合以及組裝主翼，機體框架在這個階段幾乎已完成。在第1組裝位置作業中最為活躍的就是波音所開發的專用設備MOATT。機體中央部位裡的藍色和黃色機械塔就是MOATT。

照片／青木謙知

3.3 第2組裝位置與第3組裝位置

從客艙內裝到安裝引擎

　　在第1組裝位置中完成組裝的機體框架，就會直接往第2組裝位置移動。

　　第2組裝位置的主要作業為完成二次結構部位，也就是裝設客艙地板以及各種整流片。此外客艙內裝相關的基本作業（鋪設吸音材料等）也在第2組裝位置進行。

✈ 第2及第3組裝位置的作業情況。原本這個組裝位置要進行引擎裝設，但由於生產線開始作業不久便拍下這張照片，因此各組裝位置都產生了一些落差。　　照片／青木謙知

　　電氣系統以及油壓系統的確認作業也會在此階段進行，但就像下面各項紀錄一樣，787在各種系統的安裝作業都和過去的機種不同，因此這裡的作業內容也產生了差異。此外，起落架裝置也在這個組裝位置進行。

　　第3組裝位置在最後組裝線上，是實際的最後組裝位置，當引擎組裝完成後，客艙內裝也完全裝好，地板下的貨艙也在此階段完成。

　　這些作業完畢後，就會導入電源，並在現場進行各系統的測試及確認。確認完結構等相關部位後，787就組裝完成了。

✈　在第4組裝位置組裝完成的引擎。引擎會在第3或第4組裝位置其中一處進行組裝，這樣和各種系統相關的作業也能同時完成。照片中為有2種選擇的其中1種引擎，奇異Genx-1B。此外，即使引擎不同，作業內容仍然一樣。　　　　　　照片／青木謙知

塗裝作業原則上為全自動化

　　787的最後組裝線中，規劃第3和第4組裝位置為相同作業。其原因是如果將第3組裝位置與第4組裝位置的作業內容規劃為相同，當任何一個組裝位置發生問題或作業上有延遲時，也不會影響其他機體的製造作業。

　　但是787從開發階段就接連發生問題，此外，就航後也陸續發生數起問題，結果在製造以及交付作業上完全無法依照計畫進行。

在第4組裝位置進行作業的787。由於和預計的製造作業產生大幅變化，因此2012年曾在機體框架完成後，採用先進行塗裝作業，再接著回到組裝線繼續組裝。工廠內部不會放置已完成組裝的機體，除了藉此確保作業空間之外，這個措施也能夠保護機體不受到損傷。

照片／青木謙知

　　這也影響到最後組裝線的作業，因此在2012下半年時，原本預計要在第3組裝位置完成的作業有很多未能完成，因此轉至第4組裝位置進行組裝。今後波音公司首先需針對機體本身的問題著手解決，再漸漸回溯至工程規劃面上進行改善。

　　最後組裝線的所有工程結束後，製造出來的機體會被搬至組裝工廠外。埃弗里特工廠會在組裝工廠對面的塗裝機庫（paint hangar）塗裝每一架飛機，並準備對航空公司交貨。塗裝作業原則上會依機體完成的順序進行，當然也會依照對航空公司的交貨日期進行調整更替。

✈ 在埃弗里特工廠的塗裝機庫裡的787。今日的塗裝作業靠電腦輔助，已完全自動化，但細部最後收尾工作仍有不少需手工進行。　　　　　　　照片／青木謙知

3.5 各部位的製造①

機體部位由數家企業共同製造

　　波音787的機體構造中，使用了約50%的強化碳纖維複合材料（CFRP），尤其是機體部位，可說完全都是CFRP製。機體可分割爲前部、中央以及後部3個部位，再加上設置駕駛員座艙的機首部位，把每一個部位接合在一起的這種製造方式，和其他客機相同。

　　787的機體部位幾乎都是波音公司以外的企業所製造。機首部位（第41部位）爲美國的勢必銳航太有限公司（Spirit AeroSystems）製造，機首正後方的前部機體（第43部位）爲日本的川崎重工業製造，中央機體（第44及46部位）則分配給義大利的阿萊尼亞公司製造。起初，後部機體（第47及48部位）是分配給美國的沃特公司，但後來轉由波音公司製造。

✈ 在埃弗里特工廠裡的機首（第41部位）以及前部機體（第43部位）的組合作業。最先進的787飛機製造方式仍維持將機體分爲3部分，再與機首部位組合。　照片／青木謙知

機體製造的特徵

各家負責公司所畏怯的一體成形實現了

　　波音公司對負責製造787機體的各公司，首先要求一體成形的製造方式。一般而言，客機的機體會由上下左右4片機板組合成圓筒型，但波音捨棄這樣的構造，希望「在一開始就製造出圓筒型機體」。

　　如果機體使用相當薄的鋁合金板製成的話，以各材料的強度面

✈ 運至埃弗里特工廠的中央機體（第44部位）。負責製造機體的各公司接納波音公司希望減輕機體構造重量的想法，以一體成形的方式製造圓筒型部位。　　照片／青木謙知

來看，都非常容易變形，因此這個製作工法被認為不可能辦到，但
如果機體以高溫、高壓硬化的複合材料製造，那麼該素材完成後就
不會變形，因此有可能達成一體成形。

　　波音公司想要採取一體成形的理由，其中之一就是希望減輕機體
的整體重量。如果照過去以4片機板組合的情況下，就必須用緊固器
（像鉚釘一樣的器具）來將機板接合，而且機板接合處也必須鑽開，
如此一來就必須將機板做厚一點來補強。雖然以全機體而言，這些重
量不過數個百分比，但波音公司認為減輕這些重量也相當重要。

最初由美國的沃特公司負責，但現在轉由波音公司負責的後部機體後方（第48部
位）。機體愈往後面愈窄。組裝水平尾翼的部位、以及形狀複雜的各機體部位等，全
都以一體成形製造。

照片／青木謙知

接在機首部位（第41部位）與中央機體（第44部位）之間的前部機體（第43部位）。機體部位的組裝作業和系統相關零件的裝配同時進行，照片中的機體天井部位配管已接近完成。透過這樣的製造方式，在結合機體的同時與系統裝備連結，就能夠做到「即插即用」，也可以實現將工期縮短的想法。

照片／青木謙知

■ 各家負責的公司雖然畏怯……

　　但是負責機體製造的各家公司，對於這個方式都認為「非常困難」，要求波音公司重新考慮。但波音公司回應「如果是這樣的話，那就由波音公司先製作樣品」，於是直接進入試做階段。製作完成的樣品，長度僅數公尺不到，相當的短，可說是「就算阿諛奉承也無法說它做得很好」的程度（相關人士所言）。

　　但是可確定的是「總之就是要以一體成形的方式來製造機體」，於是波音公司對負責製造的各家公司說「這雖不能算是好樣品，但就連波音公司也能做到。擁有更好的技術的各位，想必能夠做出相當優秀的產品」。就這樣，受委託的各家公司決定接受波音公司的計畫，進而實現了使用一體成形機體的想法。

　　在787機體的設計和製造過程中，還導入另外一項新手法。那就是在製造機體部位作業的同時，一併組裝配線及配管等系統用設備。

　　這些作業在過去的機種中，都是在組裝的最後階段才開始進行，機體結合的同時，才將系統相關配備組裝，同時裝入配線及配管，然後將各系統互相連結。

　　787在機體各部位完成的同時，已經全數做好配線及配管，並在機體結合的同時，將各管線系統位置組裝起來。這就是所謂的導入即插即用的想法，波音公司因這樣的做法，而將飛機系統相關配備的組裝到完成的時間大幅縮短。

3.7 各部位的製造②

主翼

　　787的主翼也幾乎都是CFRP製造，前緣和後緣配有各種動翼，這一點和過去的客機相同。只不過波音公司非常難得，在787的主翼方面幾乎未公布各項具體數值。

　　如此一來，主翼的各項數據就變成只是假設值，雖然這個部分有點專業，但筆者認為寫下和主翼相關的數據相當有價值，因此本書將整理其中一部分。

　　首先關於主翼的面積，為32,529平方公尺。這幾乎比同等級的波音767-300ER增加15%。機體的總重量也增加的20%，因此機翼雖然沒有跟著重量增加的比例增加，但也可說是為了補足重量增加，而加寬足夠的面積。

　　主翼的後掠角（不包含翼端）25%翼弦32.2度，比起767的31.5度、以及777的31.6度，僅略為縮小。但如以一來，就能夠實現0.85馬赫的高速巡航速度，由此可知這項設計的目的是使15,000公里的長距離飛行更有效率。

　　主翼端隨著幅度加寬，更往後上方側反折，其上裝備了傾斜的翼尖，它的功能和翼端帆等端板的作用相同。主翼前緣有金屬板，後緣則有副襟翼，在飛行中藉著這些裝備的運動組合，可讓主翼的剖面形狀（翼型、翼剖面）具有「可變弧形」（variable camber）的功能——也就是翼剖面會隨著飛行狀態改變，總是接近最適巡航效率的形狀。

主翼後緣內側有襟翼，中央部位有副襟翼，外翼部則有低速飛行用的副翼。副襟翼兼具增加張力的襟翼功能，以及進行橫側操控的副翼功能。787更藉由與主翼前緣的高張力裝置的連動下，設計出可變弧形的功能。　照片／青木謙知

各部位的製造③

最初尾翼設計也是帶有圓弧度

　　787的尾翼構造相當普通。垂直尾翼、水平尾翼以及固定的核心部位都是CFRP製，但前緣部以及固定部位後方使用的是其他的複合材料。方向舵和升降舵使用的是碳纖維夾層構造的複合材料。尾翼前緣的目的在防護作用，因此加裝了鋁製的護條。

　　水平尾翼由阿萊尼亞公司負責製造，垂直尾翼則由波音公司的弗雷德里克森（Frederickson）工廠製造，這部分是機體框架中，少數由波音製造的部位。

　　波音公司公布的787前身計畫7E7、以及787的初步構想圖當中，垂直尾翼以及水平尾翼的前端皆配有像鯊魚鰭一樣的弧形翼，這個形狀給人一種重視效率的印象。

　　但是當787實際完成後，尾翼卻和過去的機種相同，採用直直切斷的形狀，擁有弧形翼的僅剩主翼端。既然主翼端能夠使用，且機體本身主要以複合材料打造，因此尾翼應該不可能無法做成圓弧狀，或許是考慮到從成本以及時間所得到的效率提升程

度，也就是從性價比的觀點考量後，還是決定不予採用。

　　和主翼一樣，以下筆者針對尾翼的資料做一記載。垂直尾翼爲
25%翼弦，後退角爲40度，面積39.72平方公尺，水平安定板爲25%
翼弦，後退角36度，面積77.34平方公尺。

　　此外，787機體的尾部配備了漢勝公司（Hamilton Sundstrand）
製造的APS5000型輔助動力（APU），當飛機在地面上，引擎停止
時，此輔助動力就會開始運作，藉此供電。這個APU的最大輸出爲
1475kW。

✈ 787的尾翼構造為一般的垂直尾翼以及水平尾翼組合，後部機體內的最尾端配備
APU。機體尾端會因排氣導致高溫，因此以鈦金屬製成。　　　照片／青木謙知

如前所述，波音公司在開發、製造767客機之際，首度讓國外的飛機製造商以風險共擔合作夥伴（RSP）的角色，加入製造計畫。

所謂RSP的型態，就是依照各自分擔的比例出資，按比例參與計畫。雖然出資就會負擔部分風險，但如果計畫成功，也能夠獲得相同比例的收益，因此這個方式成功時，投資報酬也相當吸引人。

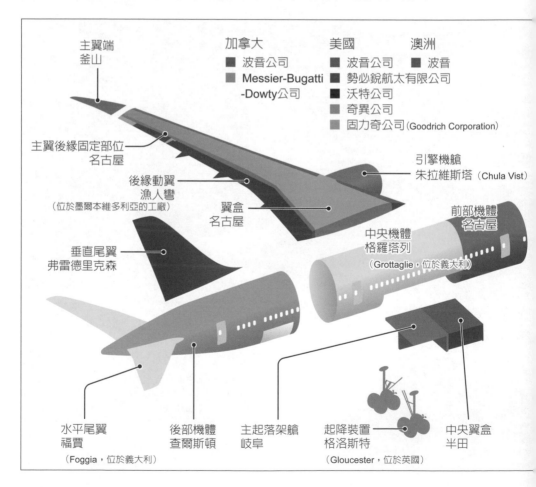

　　波音公司針對767的開發計畫，雖然將RSP的標準門戶放開，但767的機體計畫是在1970年代起，才有某種程度上的具體化。這個時間點，西歐成立了Airbus Industries（現在的空中巴士），因此擁有能到達波音公司所希望的開發以及製造能力的公司，足以參與767計畫的國家，在歐洲只有義大利，其他地區則只剩日本。

　　其結果，767計畫就由此兩國的飛機製造商參與，且一直到787都是以此兩國為主要合夥國家。

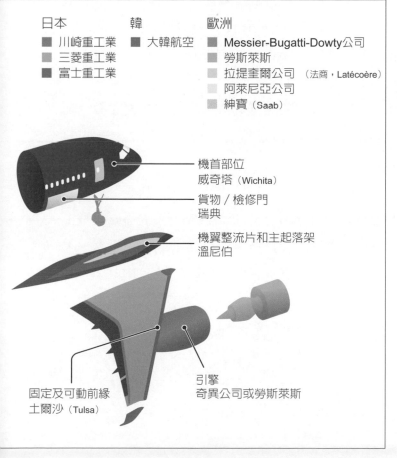

日本
■ 川崎重工業
■ 三菱重工業
■ 富士重工業

韓
■ 大韓航空

歐洲
■ Messier-Bugatti-Dowty公司
■ 勞斯萊斯
■ 拉提奎爾公司　（法商，Latécoère）
■ 阿萊尼亞公司
■ 紳寶（Saab）

機首部位
威奇塔（Wichita）

貨物／檢修門
瑞典

機翼整流片和主起落架
溫尼伯

固定及可動前緣
土爾沙（Tulsa）

引擎
奇異公司或勞斯萊斯

波音787的國際聯合製造情況。一目瞭然的是，除了美國之外，參加比例最多的就是日本和義大利。此外，加拿大和澳洲各自都有當地的波音公司。另外也有新參加的國家，如韓國。

3.10 日本企業的參與①
第一次將大型客機的主翼交給其他公司開發、製造

在波音公司的767和777客機計畫中以RSP的角色參與開發的日本航太產業,於787計畫裡同樣以RSP之姿,持續和波音公司合作。接著在2005年5月25日,波音公司與日本飛機開發協會（JACD）之間,簽訂了最後的開發‧製造協議。JACD代表各基礎重工業公司,以總結機構之姿,成爲波音公司對日本的窗口。

這個協議當中,決定了日本在波音計畫中,占有過去以來的最大負責比例35%,並將主翼盒交由三菱重工業、前部機體、主起落架與主翼後緣固定部位由川崎重工業負責,中央翼盒以及翼盒與主起落架之間的連接則由富士重工業負責。

這是波音公司首度將客機或轟炸機等大型飛機的主翼開發、製造,委託給其他企業負責,由於這是機體框架當中相當重要的部位,因此這個決定相當讓人驚訝。

但事實上,波音公司在發展7E7／787客機之前,所研究的747-400進化型（747-400X、500X）當中,由於將機體擴大而需要改變主翼設計,當時就已決定主翼的設計以及實際製造要委託給日本,因此787計畫中,這樣的決定也只是延伸當時的想法而已。

無論如何,日本占了約35%的分擔比例,這是所有合作公司中最大的,光是這點,也讓日本企業爲計畫所負的責任比過去重很多。

✈ 在波音787計畫中，日本企業總計參與比例為有史以來最高的35%，這在參加787計畫的其他國外企業中，也是最大比例。這就意味著，787計畫裡，日本的責任也相當重大。照片為停在波音機場裡，787的試飛用首號機。2007年7月8日推出時，被認為會在9月開始首飛，但後來因為各種事件造成實際首飛延遲了1年半，在2009年12月15日才首度飛行，其後也不斷陸續產生問題。日本以RSP企業參與計畫，代表對於這些問題也有相對責任，而負擔責任的比例也和參加比例成正比。

照片／青木謙知

3.11 日本企業的參與②

三菱重工業

　　三菱重工業主要負責的部位是主翼的固定盒，對全體的作業比率約達18%，占日本負責比例的一半以上。製造作業在愛知縣名古屋市的大江工廠進行，以下筆者針對主作業工程做說明。

　　首先，將CFRP用的預浸料重疊後製出外板，接著再加裝上縱梁補強材料。接著將外板放進像鍋子一樣的熱壓爐裝置（直徑8公尺，長40公尺），以高溫高壓讓外板硬化。這個步驟結束後，就開始進行開孔等加工作業，然後實施無損檢測，最後塗上底漆（保護用塗料）。

装上縱梁後以熱壓爐固定的主翼外板。為了要放入這個長度的外板，三菱重工業大江工廠打造了世界上最長的熱壓爐。

照片／青木謙知

經過這些步驟，分別完成上下外板後，接著就是裝上橫梁以及固定部位等，做出主翼盒。做好的主翼盒經過塗裝，並裝置入系統，經過最後檢查後就能夠包裝出貨。

順帶一提，大江工廠的熱壓爐也是世界最長的一個。從大江工廠製造出的機翼會以專用機（參照第112頁）從中部國際機場運至美國，從工廠到中部國際機場之間的運輸，首先仰賴專用車輛運至船上，再以船運的方式送至機場。大江工廠內的熱壓爐同時也製造用來運輸機翼的專用車輛，車子的裝卸平台上方有能夠裝進主翼的貨櫃，而車輪則有144個之多。

此外，主翼除上述外板，還有橫梁、肋板、前緣及後緣固定部

✈ 正在進行最後收尾階段的主翼。作業工程導入組裝線運作方式，因此在進行作業中的
主翼會依運作而移動。這就叫作組裝作業動線。　　　　　　　　　照片提供／三菱重工業

等，這些部位由三菱重工業直接轉包，前後橫梁由新明和工業負責，前緣固定部由勢必銳航太、後緣固定部則由川崎重工業負責。

組裝完成，在工廠內一隅等待出貨的主翼。主翼出貨時，一定都以左右翼1組的方式送出。
照片／青木謙知

為了將主翼從工廠運至船上，再送到中部國際機場，打造出有144個輪子的主翼專用運輸車。裝卸平台上擁有能夠容納1對主翼的大空間。
照片／青木謙知

3.12　日本企業的參與③

川崎重工業

　　川崎重工業負責製造的部位是前部機體（第43部位）、主起落架艙（第45部位）以及主翼後緣固定部（第15部位）。其中，主翼後緣固定部（第15部位）已全數委託韓國，向韓國KAI公司（韓國航宇工業公司）訂貨，實際上並非在「川崎重工業」製造。

　　前部機體（第43部位）在愛知縣彌富市的名古屋第一工廠製造。名古屋第一工廠又分南工廠和北工廠，為了讓做好的零件便於移動，兩工廠之間以軌道連結，並用特殊的運輸車在工廠間來回移動。主要起

✈ 川崎重工業名古屋第一工廠內，用來連接北工廠（最內處）與南工廠的軌道。前部機體（第43部位）就在兩工廠間來回運行。

照片／青木謙知

落架的收腳架（第45部位）則在岐阜縣各務原市由岐阜工廠製造。

　　兩間工廠的作業流程基本上相同，都大體分為製造負責部位組裝零件的製造區，以及將零件組裝的裝配區。

　　作業工程首先以CFRP材料製出一體成形的圓筒型機體（稱為OPB，單塊筒體※）。製造成一體成形的原因，在本書第84頁已提過。接著使用鑽孔機鑽出窗戶以及登機口等開孔。最後進行無損檢測確認，裝上細部零件並安裝系統後，就完成前部機體（第43部位）。完成後的第43部位會用熱壓爐（直徑8.9公尺，長25.883公尺）加熱、加壓。

※One Picec Barrel

基本構造完成，進入系統組裝作業階段的前部機體（第43部位）。利用治具旋轉的方式，能夠將需要作業的部位換到容易操作的位置。　　　照片／青木謙知

　　此外，南工廠沒有設置前部機體（第43部位）用的大型熱壓
爐，因此在南工廠組裝完成的前部機體OPB（第43部位）會先送到
北工廠進行加壓以及加熱的作業，完成後再度運回南工廠，繼續進
行和北工廠相同的加壓後處理作業。

　　由於出貨系統只在南工廠進行，因此OPB的移動以及在北工廠
完成的前部機體（第43部位）必須送至南工廠出貨。為了進行這些
作業，兩工廠間設有軌道連接。此外，單就直徑而言，南工廠的熱
壓爐可說是全世界最大的。

3.13 日本企業的參與④

富士重工業

富士重工業負責製造第11部位的中央翼盒，並負責將翼盒和川崎重工業製造的主起落架艙（第45部位）結合，這些作業在愛知縣半田市的半田工廠和半田西工廠兩處進行。中央翼盒（第11部位）位於中央機體下部，是左右翼組裝連接的部位。

半田西工廠的作業主要是製造中央翼盒（第11部位）的組成零件，因此工廠內各種最新設備相當齊全，有加熱及加壓複合材料的熱壓爐（7公尺×7公尺）、高速鑽、自動敷層機以及超音波測損配備等。透過這些新型設備，製造出中央翼盒（第11部位）的上層面板及下層面板，然後將面板與發包給大韓航空的縱梁一起運到負責組裝的半田工廠。

半田工廠首先會針對中央翼盒（第11部位）進行完工作業。這項作業會從面板裝配作業開始，首先在複合材料面板上裝配金屬配件，將中央翼盒（第11部位）的基本架構做好後，再裝上油箱就製成中央翼盒。

接著，半田工廠會將從川崎重工業送來的主起落架艙（第45部位）和中央翼盒（第11部位）結合，塗裝後再裝配系統，組成中央翼盒和主起落架艙這樣的一個元件。最後，這個元件會經由中部國際機場出貨至波音公司的查爾斯頓工廠。

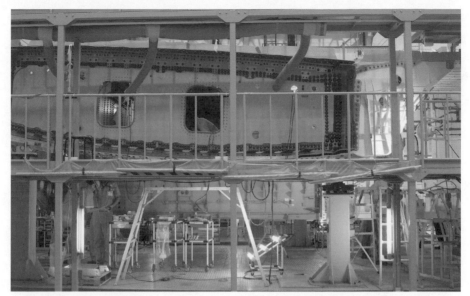

✈ 接近完成的中央翼盒（第11部位）。這個部分當然也是以CFRP製造，各零件由半田西工廠製造。

照片／青木謙知

✈ 在半田工廠內進行的中央翼盒（第11部位）與主起落架艙（第45部位）的組裝作業。筆者攝影時，工廠內的工作機台分為2台機械，但之後增至第3個作業機台。

照片／青木謙知

在波音787計畫中,以RSP企業參與的日本重工業只有3間公司,但除了這些重工業,其他還有各種企業也發揮了重要的作用。其中可稱爲第一名的,就是纖維製造商東麗株式會社(Toray Industries, Inc)。該公司是全球碳纖維企業的龍頭,它提供了CFRP用的「TORAYCA」纖維。由於787的機體構造中,使用了50%的CFRP,因此TORAYCA纖維的供應自然相當重要。

✈ 碳纖維製造業龍頭的東麗株式會社,提供各種「TORAYCA」纖維。因應使用部位不同,準備了各種粗細不同的纖維材料。　　　　　　照片／青木謙知

✈ 普利司通(Bridgestone Corporation)最新的輻射層結構(RRR),輪胎表面和內部之間使用高彈性、高強力的簾線,即使壓到異物,也不容易損壞。　照片／青木謙知

　　輪胎製造商普利司通（Bridgestone Corporation）也提供不容易損壞、且提高強度、輕量化以及高耐磨損的最新輻射層構造（RRR）輪胎。

　　客艙中配備的機上娛樂系統方面，細部範圍提供航空公司自行選擇，但供應商僅限法國的泰勒斯（Thales）以及日本的松下產業（Panasonic Corporation）兩家公司。

✈ 客艙中配備的娛樂系統可選擇泰勒斯公司或松下產業製造的產品。松下的娛樂系統為
eX2（左後方）。

照片／青木謙知

無數家企業提供各種零件

　　參與787計畫的企業，包含二度轉包及三度轉包的工廠，總數多到無法一下子就算出來。像東麗株式會社，雖然不是RSP企業，但卻發揮重要作用成爲主要供應企業，這類公司就超過20間。

　　與機體基本構成部位相關的主要供應企業就有以下數家，如：歐盟的Messier-Bugatti-Dowty公司（起降裝置）、美國的固力奇公司（引擎艙）、法國的拉提奎爾公司（客艙門）以及瑞典的紳寶公司（貨艙門）等。

　　而除了日本以外的RSP企業，另外還加上2間引擎製造商。

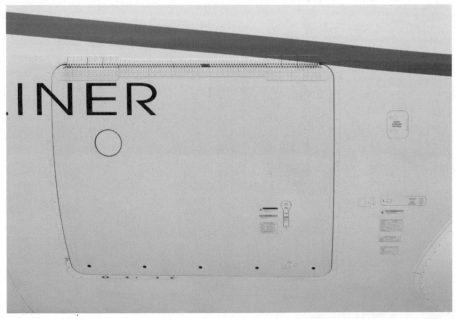

✈ 787機體下方右側的前後方皆有貨艙門，由瑞典的紳寶公司製造。　照片／青木謙知

3.16 韓國企業的參與

大韓航空和KAI

　　787計畫中，韓國也是首度參與開發、製造的國家。成為參與計畫的主體企業，有大韓航空、以及韓國航宇工業公司（Korea Aerospace Industries，KAI）2家。

　　本節將針對韓國的航空產業做一簡單描述。韓國直到1970年代前，能夠從事和航空相關活動的，除了軍方以外，就是大韓航空。大韓航空除了是當時大家所熟悉的航空公司之外，它也以戰鬥機的許可生產為始，參與了飛機製造及維修工作等活動，甚至在航空業擔任監管機構。

✈ KAI受從日本川崎重工業之託，負責主翼構造的相關製造。製造過程當然是使用複合材料，該公司的工廠內也設有熱壓爐。

照片／青木謙知

但是進入到1980年代，財閥企業將眼光放在航太產業上，打算加入，這和希望邁向自由化的韓國政府不謀而合，因此各家公司紛紛成立了航太部門。但具有歷史性的大韓航空仍然占大頭，而擔心航太產業分散化導致同時倒閉的韓國政府，也將各公司的航空宇宙產業部門統一，成立了國策公司KAI。

但是，最重要的大韓航空直至今日仍拒絕加入KAI。KAI公司後來和美國的洛克希德・馬丁公司（Lockheed Martin，原為洛克希德公司〔Lockheed Corporation〕，創建於1912年，1995年與馬丁・馬瑞塔公司〔Martin Marietta Corporation〕合併成洛克希德・馬丁公司）共同開發噴射教練機，但對於韓國國內的航空宇宙產業規模，目前還是以大韓航空獲得壓倒性的勝利。

■ 有些部位來自於川崎重工業的100% 委託外包

大韓航空實際所參與的787製造部位，有傾斜翼尖（raked

大韓航空公司製造的傾斜翼尖。這個部位加入了過去未曾使用過的曲線型狀，是作業相當困難的部位，同時也是787外型上的一大特徵。。

照片／青木謙知

✈ 大韓航空負責的第48部位後方尾端。這個部位由於沃特公司無法順利進行製造，因此回歸給大韓航空負責。

照片／青木謙知

wingtip）、後部機體（第48部位）、襟翼支援整流片（FSF）、前輪收腳架、主起落架艙（第45部位）用後隔板以及中央翼盒（第11部位）用縱梁。其中傾斜翼尖（raked wingtip）、後部機體（第48部位）以及襟翼支援整流片（FSF）這三個部分是直接對波音公司交貨，而前輪收腳架則交貨給美國的勢必銳航太、主起落架艙（第45部位）用的後隔板，以及中央翼盒（第11部位）用的縱梁則分別交貨給日本的川崎重工業以及富士重工業。

此外，傾斜翼尖（raked wingtip）除了後緣外側肋板外，其他幾乎都是複合材料製成。其製造工程依循常規，首先將預浸料裁切，經過敷層作業加以重疊鋪蓋後成型，接著以熱壓爐加壓、加熱後，再進行無損檢測作業，確保品質。KAI公司負責製造的部位是中央翼盒（第11部位）用的縱梁前方橫梁、後方橫梁以及主梁、主翼後緣固定部等。中央翼盒（第11部位）雖為川崎重工業所負責，但川崎重工業將之完全委託給KAI。因此KAI公司對這個部位100%行使了詳細設計及製造責任。

3.17 澳洲企業的參與

CFRP的製成工法採用樹脂導流（resin infusion）技術

　　787的製造計畫中，尚有波音公司的澳洲當地法人、澳洲波音公司的相關企業、波音的Boeing Aerostructures Australia（BAA）加入其中。

　　負責的部位是除主翼前緣之外的各種動翼（內側襟翼、副襟翼、外側襟翼、輔助翼、擾流板），以及襟翼滑軌整流罩，這些全都是CFRP製。CFRP部位零件的製造方式，採用樹脂導流法（resin infusion）。這是不需要使用熱壓爐的方式，只需以真空壓縮成形、硬化。這個方式既簡單又不耗時，還能節省費用，適合用在製造較小的部位上。

　　BAA工廠中的作業，還有一項特色，那就是用機器人導入自動

BAA工廠裡各種787元件的製造過程，多半使用工業用機器人，屬於高度自動化的工廠。透過自動化，工廠可提升作業效率以及產品高精密度化。　　　　　照片／青木謙知

110

✈ 787內側襟翼的製造作業。圖中正以機械確認開孔部位。　　照片／青木謙知

化生產。藉由自動化生產，可達到將作業工程合理化，以及提高正
確性、縮短時間等優點。

✈ 鋪疊在一起的碳纖
維材料。BAA工廠
裡即使不使用熱壓爐，
也能夠製造CFRP製的
零件。　　照片／青木謙知

波音公司對於海外的合作企業所製造的飛機原件，若為小型則以貨機空運，但大型元件則採用船隻運至西雅圖。767或777用的日本製元件也是一樣，因無法納入貨機，所以即使知道頗費時日，仍選擇以海路運輸。

但是787計畫中，由日本及義大利製造的元件部位增加，且主翼和機體採一體成形，造成各元件體積大型化，因此必須進行西雅圖往返查爾斯頓工廠的美國國內陸路運輸，波音公司在2003年10月便決定，將大型元件以專用的運輸機空運進來。

但如果要開發全新的機型，將會花費大筆費用，因此波音公司

✈ 747LCF的基本設計在2004年完成，實際的改造作業則由台灣的長榮航太科技股份有限公司（EGAT）負責，並於桃園國際機場以該公司的設備進行改造作業。照片為改造後的首號機。

照片／青木謙知

決定以747-400客機改造，甚至為了節省經費，更決定不製造新的747機體，而是向購買747的航空公司買回。

以這個方式製造出來的，就是747大型貨機（LCF）夢想運輸者（Dreamlifter）。2006年9月9日，改造完成的首號機進行首飛，現在則有4架飛機在使用。

■ 挪用777計畫中未採用的新技術

LCF貨機最大的改造點為機體，其最大直徑約19英尺（5.79公尺）。這個機體的貨物空間總容積為1841.3立方公尺，足以充分容納組裝完成的787機體及主翼。

貨艙的地板左右兩側幾乎全面設置導軌，用來裝載787各項元件的裝卸設備在設計上和這些導軌完全吻合。裝卸設備全部都以動力式的動力驅動單元機制來移動。

後部機體以左側鉸鏈在側邊開啓，即爲機尾橫向開啓設計式的機艙門，打開後貨艙的剖面便能呈現完全開放狀態，如此便能完全活用貨艙的剖面空間，搭載大型物資。這個艙門設有自動上閂和上鎖的機制，當艙門位於關閉的位置時，便會自動上閂，甚至完全上鎖。

　　順帶一提，這項系統是直接活用了777客機中企劃的「主翼折疊機制」所使用的技術。波音公司在777計畫的最初階段中，由於777的設計翼幅比過去的機體要長，爲了讓間隔狹窄的地方也能夠活用，因此向航空公司提案主翼可選擇摺疊式的配備。但最後，沒有

潘恩機場中進入起飛狀態的747LCF。其後方有已完成且適用於全日本空輸以及日本航空的787客機，從照片中可見其垂直尾翼。

照片／青木謙知

從後部機尾橫向式開啟設計門將主翼卸下的作業。波音公司更開發了可與機體並行的裝載機等專用車輛。

照片／青木謙知

任何一家航空公司採用這個系統，這個研究成果反而轉爲747LCF使用。

■ 開發了新型的地面支援車輛

波音公司更開發能夠配合747LCF的地面支援車輛。其中一種是貨物裝載機，負責將大型元件裝載到LCF的貨艙裡，或是從機上將元件卸下。

車體全長35.99公尺，最大寬度爲8.38公尺，且配有32個輪子，裝載部最大可搬運68噸的物資。元件裝卸時，車輛是否在正確位置也相當重要，這項作業已結合雷射整合系統操作。

另一種專用車是移動型尾部支援車（MTS），車體上部有能夠

使用MTS進行橫向啓動門的關閉作業。MTS和艙門結合後，藉由艙門開閉軌道上配備的軟體，以電腦引導系統進行引導，便能夠自動行駛。　　　　　　照片／青木謙知

✈ 747LCF貨艙內部。地板面的左右兩端貫穿全體，全面設置導軌。順帶一提，這個大容量的貨艙沒有加壓。　照片／青木謙知

　　和後部機體的橫向式艙門結合的部位，兩者結合後藉由電腦的引導系統，便能夠和艙門的開合軌道連接並自動行駛，可說是一輛能夠支撐重量約19960公斤的全體尾部，以及開閉艙門的高科技車種。前面提到的自動上閂和上鎖裝置用的電源，也是由MTS車輛提供。

　　這些支援車就置於747LCF飛行的各地（美國的埃弗里特、查爾斯頓、威奇塔、義大利的格羅塔列、以及日本的中部國際機場），MTS在各機場皆有一台，裝載機在埃弗里特以及查爾斯頓這兩個地方各配有2台，其他地方則各有一台。埃弗里特和查爾斯頓配備2台裝載機，足以顯示這兩個地方的裝卸貨頻率較高。

3.19 生產物流②

生產集成中心

　　波音公司對於787客機的製造方式，最初決定以南卡羅來納州設立的美國全球航空爲預備裝配的據點，並在埃弗里特工廠設立最後組裝線。

　　但是之後，美國全球航空公司發生問題，波音公司全數承接其業務，並在查爾斯頓設立第二個最後組裝線。

　　此外，787計畫還有日本以及義大利等RSP企業參與，要管理這些公司變得相當複雜。實行管理業務的就是生產集成中心（PIC），以real time即時互動的方式，將各種訊息相關情報隨時更新，儘量讓製造計畫不受其他影響。

✈ PIC內部。包含RSP企業各工廠的工作狀況，以及747LCF的運航狀況等，眾多情報訊息分割成多個螢幕顯示。中心內部同時播放電視新聞，藉此掌握全球各處的動態。

照片／青木謙知

PIC在波音787的最後組裝線40-26大樓裡的4樓設有辦公室，以一天24小時，每週7
天（24／7）的方式，管理生產系統。

照片／青木謙知

3.20 交貨前
最後檢查及測試交由航空公司進行

　　機體完成後，塗裝上各家訂購的航空公司需求，之後就只剩下將機體出貨給航空公司這項工作。交貨日期以及交貨方式由製造商和航空公司討論後決定，但大部分都以身為顧客的航空公司之需求（或情況）為優先。此外，製造商對做好的機體，在交貨前也必須先進行各種檢查、測試，確認機體沒有問題。

　　這項檢查作業通常包含3次試飛，如果過程中發現任何問題，就會再增加試飛的次數。此外，各家航空公司在要接收交貨的第一架飛機時，都會在機體完成到交貨的這段時間裡，再讓該飛機進行1～2次的飛行任務，藉此拍攝可用於廣告的照片或影像。除此之外，完成的機體在其他時間裡，都會被置於工廠的某處，保管至交貨前為止。

製造完成，並排停放於埃弗里特工廠的787客機。787的型別檢定證取得相當晚，因此在這期間，多架機體也陸續製造完工。這造成各架飛機被緊緊並列於埃弗里特工廠的停機坪裡。

照片／青木謙知

✈ 停放在鄰近埃弗里特工廠的「未來飛行」博物館前的停機空間、印度航空訂購的波音
787。印度航空曾經決定暫緩接收787，因此飛機由波音公司保管。為了防止引擎損
壞，先將飛機引擎卸下，改吊掛秤砣取代之。　　　　　　　　　　照片／青木謙知

✈ 正在進行交貨前的試飛作業，著陸於潘恩機場的阿聯酋航空777-300ER。通常在完
成後到交貨期間，會進行2～3次的國內試飛，由製造商方的飛行員駕駛操作。
　　　　　　　　　　　　　　　　　　　　　　　　　　　　　　照片／青木謙知

直升機工廠

　　同樣是飛機，但直升機比噴射客機的體型要小，因此組裝工廠自然也小得多。由於直升機的生產數量較少，原則上都採工作站組裝的模式進行。幾乎每個機種都是由技工手工組裝每一架直升機。若相同點較多的機種，有時也會以一個組裝線同時進行兩種組裝作業。

位於加拿大魁北克米拉貝爾地區的貝爾直升機製造工廠。

照片提供／貝爾直升機

近看波音737、747、767、777的製造工程

波音公司除了787客機，還有第二代的737、747、767、777
等飛機同時進行製造。本章將一覽各個機種的製造工程。

4

Technologies of
jet airliner
manufacturing

波音公司現在仍有生產第二代的737，以及747、767、777、787等4種客機，其中機體最大的為747。今日的747客機，更將雙人駕駛化的高科技747-400改良為747-8。照片為純貨機的747-8F最後組裝作業。

照片／青木謙知 ▶

最後組裝方式

飛機有各式各樣的組裝法

　　如前章所述，波音787採位置組裝法來進行最後組裝。但飛機的最後組裝還有數種不同的方法。以下舉出其中較具代表性的方式做簡單說明。

✈ 歐洲戰鬥機的最後組裝線。設置於德國慕尼黑郊區，EADS Germany公司（歐洲航太防衛集團，德國公司）的曼欣格工廠內。該組裝線採用工作站組裝法，每架機體直排，在分配到的各個工作站中組裝。

照片／青木謙知

■ 工作站組裝法

　　這個方式是在最後組裝線上架設數個工作站，各工作站的作業結束後就往下一站移動，直到完成。基本上這個方法和位置組裝法相同，因此787的位置組裝法，可說是將「工作站」（Station）換成「位置」（Position）這個說法而已。只是，787實際上只有少數的3個位置組裝，這是前所未見的工作站組裝法。

■ 碼頭組裝法

　　在最後組裝時，將機體置於工廠內的工作區域（碼頭）內，直到組裝完成前都不會移動機體，所有組裝作業都在碼頭內完成。

■ 動線組裝法

　　要進行最後組裝的機體皆在一定的速度下，於工廠內持續移動，移動中進行各種作業直到組裝完成，即為所謂的流水化作業組裝方式。這個方法也會用於汽車製造上，當生產量多時，這個方式較有效率。

　　無論哪種方法都各有優缺點，組裝工廠規模以及生產量不同時，組裝方式也會有所改變。例如由英國、德國、義大利以及西班牙共同合作開發的歐洲戰鬥機（Eurofighter），在英國採碼頭組裝法，德國則採工作站組裝法，分別用不同的方式進行最後組裝。甚至義大利的組裝線綜合這兩種組裝方式，三個國家都不一樣。由於每個國家的工廠和狀況不同，以相對生產數量較少的戰鬥機而言，不要統一每個國家的製造方式也較為合理。

4.2 新一代737

導入動線組裝法

　　現在波音公司製造的唯一一種單通道飛機,就是新一代的737(737-600 / -700 / -800 / -900)家族。波音噴射客機的發祥地蘭頓工廠也是唯一製造這架噴射客機的地點。隨著1939年第二次世界大戰爆發,爲了要提高飛機的生產力,於是波音公司以其他工廠和政府交換,從政府方獲得蘭頓工廠。

　　今日的蘭頓工廠現地面積有380,902平方公尺,並擁有4-81和4-82兩棟大樓,新一代的737就在這裡進行最後組裝,兩棟建築物都設有最後組裝線。作業工程原則上兩邊相同,只差在兩棟建築物形狀不同,因此組裝細節上有些許差異。此外,爲了要製造出相同的機體框架,因此特別建造了3條最後組裝線,但後來演變成軍用的海上巡邏機P-8海神的生產設備。

　　新一代的737最後組裝線的最大特徵,就是導入動線組裝法。如前節所述,這個製造方式就是流水作業法,藉著機體在工廠兩端移動,進行各種元件組裝、裝配系統,以及飛機的儀表配件等。

✈ 擁有新一代737的最後組裝線的蘭頓工廠。這是波音公司的民航機工廠中，最具歷史
的一間。

照片／青木謙知

✈ 新一代737的機體各部位，就在堪薩斯州威奇塔地區的勢必銳航太公司中製造，然
後將製造完成的機體元件以火車送至蘭頓工廠。在新一代737之前，都是將前部、
中央以及後部的各機體製造完成後，直接運至蘭頓工廠組裝，但從新一代737開始，勢
必銳公司承包至機體組裝完成，機體會在接好的狀態下，運至蘭頓工廠。蘭頓工廠裡的
作業工程便相對縮減，製造工程也更有效率。

照片／青木謙知

■ 新一代737以每分鐘2吋（約5公分）的速度前進

新一代737的各部位機體結合後，才會送至堪薩斯州的威奇塔。當運至工廠後，就會被置於動線組裝用的移動車上，然後從開始的位置起，首先裝上主翼。之後，機體會以每分鐘2吋（約5公分）相當緩慢的速度在工廠內前進。從頭到尾端之間，移動所需時間為11天，因此每一條組裝線每個月能夠製造21架飛機。

如前所述，適於民航機組裝的組裝線有2條，因此每月約可生產42架飛機。實際上，波音公司在2014上半年的月生產機數，也是規劃42架飛機。新一代737的動線組裝不會停機，但會依據每個階段的主要作業，被分配至對應的位置編號。組裝線就像前面所說明的一樣，首先會進行主翼組裝，組裝完成後就開始移動，繼續往每個組裝元件的動線前進。

- 第1組裝位置：安裝垂直穩定翼和水平穩定翼。
- 第2組裝位置：安裝機艙地板以及後部廚廁系統。
- 第3組裝位置：安裝並測試中央及前方廚廁系統，以及加壓、油壓、飛行操控與降落裝置等各種系統。
- 第4組裝位置：裝設客艙牆面、上方面板、上方置物櫃以及洗手間配件等。
- 第5組裝位置：裝設地毯、客座以及引擎。

各組裝位置所組裝的配備都由組裝線的兩側同時進行，只要機體移動至該組裝位置，組裝作業就會立刻展開。反過來說，當這些配備沒有在時間點內組裝完畢，生產線就會發生故障，因此供應商是否依交貨期限出貨就相當重要。

　　作業中若發生錯誤或故障，在故障排除之前，所有組裝線都必須停工（有時也會因為作業方便而故意停工）。

　　波音公司在新一代737的最後組裝線裡，之所以引進動線組裝法，是因為考量到將來這個等級的客機需求會增加，生產機數也會變多。波音公司認為，能夠更有效率生產，以因應需求增加的方

✈ 以動線組裝法進行組裝的新一代**737**。這雖然是較有效率的生產方式，但為了讓引擎、客艙座位等各種元件在適當的時間點送達，必須有相當嚴格的管理制度。

照片／青木謙知

引導新一代737在動線組裝線內進行作業的引導車。利用感應器讓機器在正前方中央延伸出的灰色引導用路線上向前推進，且能夠自動保持在軌道內。行進速度十分緩慢，每分鐘約為5公分，如果不緊盯著看，無法確實感到它在前進。　照片／青木謙知

式，就是動線組裝法。現在正開始開發的新型737MAX，其機體改良創新是當然的，同時這款飛機也應該會以相同的方式製造。

4.3 747-8

經歷2次新型化後，現今仍製造中

　　波音公司會在埃弗里特蓋工廠的契機，就是因為747客機。747首號機的實際製造作業，就在1967年5月展開，並於1968年9月30日完成，從工廠內運出。這個動作又稱為出廠（roll out）。之後，747推出了將駕駛員座艙改為雙人座的747-400，又將用於787客機的新開發技術回饋到747-400上，改良成747-8，經過了這兩次的新型化後，現在也仍持續製造生產中。

以碼頭組裝法組裝的747-8。照片中的2架飛機都是貨機型的747-F。這款飛機和客機型的747-8洲際飛機（747-8I）使用相同的組裝線組裝。　　照片／青木謙知

波音公司在生產工廠內部，全都編入編號管理，擁有747最後組裝線的建築物是40-22大樓。這一點從開始製造時，就未曾改變。順帶一提，第三章中提到的，擁有787最後組裝線的是40-26大樓。

　　現在的747-8最後組裝作業，是採碼頭組裝法。曾有一度747的訂單相當多，當時也採用過工作站組裝法。但是，747的機體相當龐大，在空間有限的工廠裡移動，需花費相當的時間，且相當危險。加上組裝時，又必須中斷其他作業，且移動的時間也受到限制（通常747都在深夜進行組裝）。

　　碼頭組裝法會因為機體須占一定空間，而讓作業效率變差。尤其是作業發生問題時，恢復作業也相當有限，不過這些在生產率較

正在進行組裝作業的747-8F。2009年11月10日交付了最後一架747-400（長距離型的747-400ERF貨機）後，40-22大樓就只組裝747-8型飛機。　　照片／青木謙知

✈ 圖為操控室以及前部機體的一部分，正在進行製造作業的747機首部為獨特的高型機體。

照片／青木謙知

低時這些都不是大問題。2012年747-8的月生產架數為0.5架，因此碼頭組裝法可說是最有效率的做法。

✈ 尚未有機體進駐的747-8最後組裝作業用碼頭。可做比較的狀況雖然較少，但藉此可了解1架飛機所占的組裝空間有多大。

照片／青木謙知

計畫月產2架空中加油機

　　設置767最後組裝線的建築物是40-24大樓。從2002年開始，組裝線就導入了動線組裝法。這也是波音公司在客機最後組裝上，首次導入動線組裝。

　　根據機體規模不同，組裝方式略有差異，但這也成為新一代737的最後組裝線範本。原則上組裝線內使用的是相同的製造系統，但藉由導入動線組裝，最後組裝線的作業時程，每一架飛機約10日即可完成。

搬入40-24大樓的767操控室機體（第41部位）。和其他的波音噴射客機相同，767的操控室機體（第41部位）也由勢必銳航太公司負責製造。　　照片／青木謙知

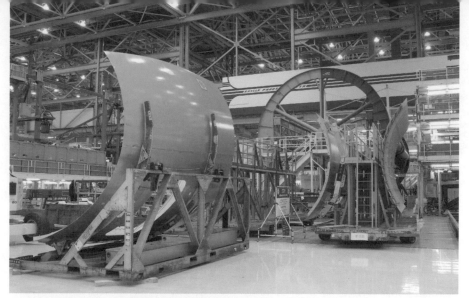

使用旋轉式的夾具進行機體組裝作業。767是日本飛機製造商首度參與的波音客機製造企劃,照片中的機體也是日本負責製造的部位之一。

照片／青木謙知

　　新世代機種787和767配備相同等級的客座數量,隨著787實用化,767客機的需求相對減少。但是美國空軍的空中加油運輸機KC-46A決議採用767機體為基準,因此埃弗里特工廠內仍持續製造767。由於增產需求,波音公司更改良最後組裝線,從過去的月產1.5架飛機,計畫在KC-46A的生產滿量前,將月產量提高至2架飛機。

767-300ER的主翼和機體結合作業。由於採動線組裝法,因此機體必須能夠自動移動,所以這個方式和其他組裝法相比,會較早裝置主起落架。

照片／青木謙知

4.5 777

一棟建築物分成2棟

　　777的最後組裝線就設置於40-25大樓。讀者是否注意到，這和本書第134頁中記載的787組裝線大樓編號只差1號？事實上這兩棟建築物是同一棟大樓，這是為了設置777的最後組裝線所蓋的。

　　波音公司隨後決定開發787客機，但787的最後組裝線要設置在哪，這成了一大問題。埃弗里特工廠和蘭頓工廠內已經沒有空間，要找新的工廠地點又頗費時日，且取得土地權也要花大筆經費。

　　最後波音公司決定，將777的最後組裝線合理地節省空間化，空

2008年開始全面運作的波音777動線組裝線。前方（右側）為機體結合線，機體會往照片後方移動，左側動線則負責組裝主翼。機體結合作業中，同時也會進行系統類的配管、配線等裝配作業。

照片／青木謙知

出來的地方就設置了787的最後組裝線。於是一棟大樓便分爲2棟，且編號也僅有1號之差。

　　777客機的最後組裝線中，將工作站組裝法改爲動線組裝法。777的動線組裝首先從大樓的東側開始，東側設有完成前部機體和後部機體的組裝線，動線由南向北移行。北側動線則進行主翼和中央機體的組裝作業，當前部機體和後部機體到達組裝線後，就會從大樓西側以每分鐘4公分的速度，反向由北至南移動，進行全機的最後組裝工程。

　　2008年，波音公司完成了777組裝線全面動線組裝化，將原本分爲2棟的作業，成功改爲在1棟大樓的空間裡完成。

✈ 移入40-25大樓內的**777**中央翼。這是由日本製造的部位之一，也是**777**單一機體元件中最大的一部分。運送方式是以船運，經太平洋運至埃弗里特。 照片／青木謙知

✈ **777**貨機型的**777F**引擎組裝作業。**777F**以**777-200LR**機體為藍本。**777**最初有奇異公司、普惠公司和勞斯萊斯3間公司的引擎可選，但長距離機型的**777-200LR**／**-300ER**引擎則僅限奇異公司的**GE90**。 照片／青木謙知

✈️ 777的水平尾翼和垂直尾翼以石墨複合材料製成。日本企業在參與777製造企劃之際，原本希望能從波音公司取得負責複合材料，但最後未能取得，僅負責機體面板等金屬部位的製造。以複合材料製成的元件，大多由波音以及弗雷德里克森公司等美國企業負責製造。

照片／青木謙知

到現場就能參觀工廠

　　波音公司和空中巴士公司都有工廠參觀之旅。波音公司是在西雅圖的埃弗里特工廠舉辦參觀之旅，而空中巴士則在土魯斯（Toulouse）、漢堡市（Hamburg）、布萊梅港（Bremen）以及聖納澤爾（Saint Nazaire）等地區推出參觀之旅。土魯斯的旅程中，能夠參觀 A380的組裝線，而波音公司的埃弗里特工廠參觀，主要與787組裝相關。

　　以下有各個工廠的參觀之旅概要，可透過線上申請。

■ 波音之旅

http://www.boeing.com/boeing/commercial/tours/index.page

■ 空中巴士之旅

http://www.manatour.fr/Let-s-visit-Airbus-The-shop

在埃弗里特工廠的參觀行程中，透過露台便能參觀787的最後組裝線。　　照片／青木謙知

空中巴士如何製造
噴射客機？

空中巴士現在已完全成長為波音公司的對手。本章將從單通道的A320到總計2層樓客艙的A380，針對空中巴士製造的全系列噴射客機以及其裝備做介紹。

5

Technologies of
jet airliner
manufacturing

於土魯斯機場附近新設的A380最後組裝工廠「拉加戴爾」（Jean-Luc Lagardere）。空中巴士公司針對A380的最後組裝工廠設置地點，曾在德國漢堡之間進行網羅搜尋，但最後地點落在總公司附近的土魯斯。空中巴士在土魯斯建設的主要設備，都以對空中巴士的創建大有貢獻的人名來命名。拉加戴爾氏不只在飛機的技術方面有貢獻，更是法國最大的集團企業經營者，是從經濟面促進空中巴士成立的重要人物。

照片／空中巴士

中國天津也在生產製造

　　原本爲國際企業合併而成的空中巴士公司，在合併後的30餘年間於歐洲發生的航太產業淘汰整合之下，如本書第60頁所述，現已成爲EADS的100%子公司。其結果，法國宇航（法國）以及英國航太系統公司（英國）等各加盟企業的名稱從參與公司名稱中移除，變成由空中巴士法國分公司、空中巴士英國分公司、空中巴士德國

A320家族最終組裝線，設於空中巴士的天津廠。2009年9月28日開始動工，同年7月23日將組裝完成的初號機（A319）點交給航空公司，2012年9月13日第100輛飛機組裝完成。當初的計畫是專爲中國的航空公司做最終組裝，現在也會點交給國外的航空公司。

照片／空中巴士

分公司、以及空中巴士西班牙分公司等組成。空中巴士的主要生產設備就放在各國，主要如下。

- 空中巴士法國分公司：土魯斯（最後組裝等）
  聖納澤爾（機體製造等）
- 空中巴士英國分公司：布勞頓（主翼製造等）
- 空中巴士德國分公司：漢堡（機體製造、最後組裝等）
- 空中巴士西班牙分公司：赫塔菲（尾翼製造等）

除上述之外，當然各地區還有其他工廠，例如漢堡近郊的施塔德（Stade）工廠裡，就是製造各機種使用的複合材料元件的地方。中國的天津是繼土魯斯和漢堡之後，第三條A320家族的最後組裝線設置地。這是空中巴士首次在歐洲以外的國家製造主要設備，代表空中巴士預測並看重中國的大量需求。

　　客機製造商的空中巴士公司，對採用螢幕顯示型測量儀的雙人駕駛員座艙、以及線控飛行操縱裝置等最新技術，積極展開引進，並擴大市占率，在1980年代便超越麥道公司，成為第二大企業。1997年8月4日，波音公司併吞麥道後，全球的噴射客機市場便由空中巴士和波音分占，直至今日仍是如此。

■ 空中巴士的主要設備配置

5.2 A320家族飛機的製造

現在所有工廠皆採用工作站組裝法

　　空中巴士的唯一一種單通道機A320，在漢堡、土魯斯以及天津三個地點的工廠設有最後組裝線。甚至在2013年4月，為了在美國的阿拉巴馬州莫比爾市設置第四條組裝線，再度展開工廠的建設。

　　其中最初設立的是漢堡工廠，且一開始採用碼頭組裝法建造。接著在土魯斯工廠設置了工作站組裝線，最新的天津工廠也和土魯斯工廠一樣，採用工作站組裝法。漢堡工廠後來同樣新設置了工作

在土魯斯工廠裡採用工作站組裝法的A320最後組裝線。由於從一開始的組裝就採工作站方式，因此機體以較短的間隔並列在一起。A320家族飛機同時也在漢堡工廠進行塗裝，通常組裝完成的機體會先送至漢堡進行塗裝作業。但在土魯斯也有塗裝設備，因此有些機體會像照片中的飛機一樣，在土魯斯塗裝後送至漢堡進行客艙的裝配作業。組裝作業的進行順序會依照作業時程以及顧客需求來決定。

照片／青木謙知

站組裝線，目前已完成將碼頭組裝線全面移至工作站組裝線。

之所以導入工作站組裝，是因應A320家族的製造數量增加，加上碼頭組裝線的工廠又舊又暗，作業效率降低，因此將更新組裝線作為改善對策來進行。

漢堡工廠中，不但製造A320家族的機體，更擔任將前部、中央以及後部各機體結合的作業，最後將結合完成的機體出貨至天津的最後組裝線（漢堡工廠內當然也進行這些機體的最後組裝）。

機體接合後，繼續進行系統類的裝配，而系統組裝採用的是動線組裝法。已接合完畢的機體搬運至工廠內部，將以非常緩慢、時速1公里的速度下，順時針沿著四角繞一圈。所有必須的作業都會在這期間完成，空中巴士更針對這一點，將過去須花費9天的作業工

空中巴士法國分公司的聖納澤爾工廠中製造後，運至土魯斯工廠的A320家族飛機的機首部位。照片雖為A320，但家族內的全機種都是相同的。機首會裝載到專用的移動用機台，移至最後組裝線。

照片／青木謙知

程，縮短至5天。

此外，空中巴士在機體元件製造上，是第二次採用動線組裝法。第一次是2002年在英國的布勞頓，於製造A320家族飛機的主翼生產線中採用。

■ 基礎的機體部位由3個工作站組成

原則上，每個工廠的最後組裝線的作業都一樣，但在土魯斯工廠則將機體接合作業利用生產線內的工作站來進行組裝。這個組裝線會由三個工作站合力組裝機體的基礎部位。

一開始是在第41號工作站，將前部機體、中部機體與後部機體以鉚釘接合，便完成整體的機體構造。接著在第40號工作站將機體

位於空中巴士德國分公司漢堡工廠內的機體組裝設備。工廠內導入動線組裝法，機體從照片左下方進入組裝線內，並順時針繞圈，從右下方出來。

照片／青木謙知

裝上主翼，第一次油壓測試也在這個工作站中進行。這個部分的作業結束後，機體就會移往第35號工作站，開始組裝水平尾翼，並將系統全部裝配完畢。第40號工作站和第35號工作站又分為40A和40B、以及35A和35B兩處，能夠同時進行兩架飛機的作業。

　　到目前為止，組裝完成的機體會立刻被移至鄰接工廠西側的另一個機庫，首先進行垂直尾翼組裝，再分別裝上整流罩、機翼整流片以及燃料系統等。接著開始檢查起降裝置、動翼、燃油洩漏、以及滑梯等裝置，檢查完畢後機體就會移至場外，開始進行燃料系統、機體加壓、電子儀器等實驗。

　　這些檢驗都通過後，機體便完成了。A320家族飛機原則上會在塗裝作業完成後，開始進行首飛，通常首飛時都會直接往漢堡移動，在漢堡工廠裡裝好客艙的內裝配備後，就會交給航空公司。

漢堡工廠內，採工作站組裝線的新式A320家族飛機最後組裝線。工廠全體都是新建的裝備，建置時充分考慮過採光，因此在夏季時，即使不使用照明設備，工廠內部仍相當明亮。

照片／青木謙知

5.3 A330／340的製造

採用橫向移動的工作站組裝法

　　空中巴士公司同時決定開發的A330和A340，簡直可說是雙胞噴射客機。兩架飛機不同的地方在於引擎數量（A320有兩具，A340則有四具），以及和引擎相關的極少數系統部位。除此之外，機體、主翼、尾翼以及起降裝置、基本的搭載電子儀器等，全都使用相同的設計。因此兩機種能夠統合製造，且最後組裝用的設備只在土魯斯蓋一棟新的大樓。

　　A330／340的最後組裝線原則上採用工作站組裝法。比較不一樣

✈ A330／340的最後組裝線中，首先在中央機體部位裝上主翼，接著再與前部機體結合。裝設主翼時，機體上的裝設用螺栓等孔洞會自動打開。現在在其他工廠也看得到這些設備，但這座工廠開始作業的時間點為1990年10月，這在當時可說是最新的設備。

照片提供／空中巴士

的是，一般的工作站組裝法原則上機體會前後移動（縱向）至每個組裝站，相較於此，A330／340的組裝線則是橫向移動。雖說是橫向移動，但實際上機體無法橫向移動，因此必須先將它移至外面，再移入旁邊的工作站。

　　這個方式會造成機體頻繁地內外進出移動，作業也變得比較複雜，但優點就是能夠超越前面製造的飛機。縱向的工作站組裝線上，一旦前面製造的機體在某個工作站上發生問題，生產線就會在這裡停滯。但若將機體暫時先移至外面，工廠內就有能夠容納別架

土魯斯國際機場內的克倫米爾地區所設置的A330／340最後組裝線。有藍色屋頂支撐的建築物就是工廠，工廠裡有最後組裝線。照片正前方有一座能容納5架飛機臨時移出的停機坪。將組裝中的機體暫時移出，第一個使用這種最後組裝作業方式的就是A330和A340。

照片提供／空中巴士

機體的空間，也解決了作業停滯的問題。

　　雖說如此，但兩道程序的確會使作業量增加，因此除空中巴士以外，其他製造商目前還沒有任何機種採用這種作業方式（但A380的體積過大，無法在工廠內移動，因此必須將機體暫時移出）。不過A350XWB機種的一部分最後組裝線，似乎採用部分橫向作業的想法。

　　A340客機之後更開發了長距離型的A340-500以及大型的A340-600客機。這些客機雖然擁有新設計的主翼（A340-500和A340-600的主翼相同），但仍沿用相同的最後組裝線進行組裝。

將機體加長的A340-600。全長共75.36公尺，比超大型客機A380的72.80公尺還長，其長度僅次於波音747-8的76.25公尺。順帶一提，雖然技術上還能將機體做得更長，但如果機身太長，製造過程中工廠將無法容納，因此採取工廠能夠作業的最長範圍設計製造。

照片／青木謙知

如本書第147頁所述,空中巴士的噴射客機都在各地區製造主要元件,再將這些元件運至最後組裝工廠的組裝線內。例如A320家族飛機中,分擔A330及340生產的企業分別如表1及表2所載。

這種國際分工模式為了確保各計畫成員國家有一定的作業量,從一開始的A300至今,分工方式都未曾改變。

各地區製造完工的大型元件要如何運至最後組裝線,最初設想的是透過空運。甚至也製造了能夠容納這些大型元件的貨機。機體是由Aero Spacelines(美國航空航天公司)以波音377同溫層巡航號(Stratocruiser)客機大幅改造,稱為超級彩虹魚(Super Guppy)。

■ 表1 A320主要元件的製造分工

空中巴士法國分公司	所有前部機體(主翼前緣起前端)
	中央翼盒
	引擎吊架
	客艙後方門
	前起落架艙門
空中巴士德國分公司	中央機體
	後部機體
	尾端
	主翼襟
	垂直尾翼
	方向舵
空中巴士英國分公司	主翼(含副翼及擾流板)
	主支柱整流罩

■ 表2 A330／340主要元件組件（MCA）製造分工

空中巴士法國分公司	駕駛員座艙
	引擎吊架
	部分中央機體
	中央機體客艙門
	機翼整流片
	大部分機體部位
空中巴士德國分公司	尾端
	主翼動翼
	客艙門
	主翼
	起降裝置
空中巴士英國分公司	水平尾翼
	升降舵
空中巴士西班牙分公司	主輪艙門
	機體前部右舷客艙門

空中巴士公司導入三架此機種。

但是超級彩虹魚是在1960年代改造，當時預計在1990年代前半就會退役。因此空中巴士打算以Λ300-600的改造機種當作超級彩虹魚的繼承號。

改造出來的貨機就是A300-600ST「大白鯨」（Beluga）。而ST則是Super Transporter的簡稱。

■ 只有 A380 的機體元件載不下

大白鯨的最大改造點為機體。客艙改造成大的圓筒型，但下方

✈ A300-600ST的設計能夠容納空中巴士製造的噴射客機用各種大型元件，且能空運這些元件。總共改造了5架飛機，且每天在空中巴士的各個工廠來回運輸。

照片／青木謙知

✈ 為了裝載主翼，配置了專用裝載機的A300-600ST。貨艙最前方為上開式艙門，這種艙門又稱為掀罩式。照片為空中巴士英國分公司在布勞頓工廠的裝載作業。

照片／青木謙知

A300-600ST的前任機「超級彩虹魚」。貨艙內徑7.62公尺，地面寬度3.96公尺，全長28.8公尺。最大載貨重量為14.7噸。空中巴士公司有3架這款飛機在運航，現已退役，且在土魯斯、不列顛（英國）以及漢堡各保留1架。照片為其中1架除役的飛機，置於空中巴士德國分公司的漢堡工廠內展示。　照片／青木謙知

三分之二處起並非直接以圓形收縮，而是直線往下，確保下方機體寬度。圓筒狀部位從圓心到內壁半徑為3.52公尺，直徑7.04公尺。圓心距離貨艙底部有3.85公尺高。

　　貨艙全長37.70公尺，前部和後部各個動線接合後，圓筒型會愈來愈窄，但僅就全部都是圓筒狀的部位來看，長度也有21.34公尺之多。地面寬度為5.11公尺，從地面到貨艙最頂端，最高處有7.10公尺。貨艙總容積相當大，有1400立方公尺，除了A380之外，它能夠容納空中巴士製造的所有客機元件。

　　貨物的裝卸處在貨艙最前面的上開型掀罩式艙門，這個艙門能往上開67.25度，讓貨艙剖面整體打開，完全利用貨艙的每一吋空間。未承載貨物時，貨艙地板的地面高度為5.10公尺，當承載貨物達最大起飛重量（155噸）時，貨艙地面高度會略降至5.01公尺。

　　此外，為了要在貨艙最前端裝上這個艙門，操控室改移至下側機體部位，駕駛員則改由裝設於機體地板下方附有隱藏梯的艙門進

✈ 於土魯斯工廠起飛的A300-600ST。這是重新保養完成後的檢查飛行，機體尚未塗裝。垂直尾翼以及水平尾翼的設計略有變動，但主翼以及翼襟等高升力裝備等幾乎都沒有改變。

照片／青木謙知

出。操控式的設計以及安排、配備等都承襲A300-600R機種。

接著來看機體以外的外觀特徵。

最大的特色就是在水平尾翼的兩翼端，加裝垂直穩定翼。此外，隨著機體重量增加，水平尾翼和垂直尾翼也強化其結構，且在垂直尾翼前緣的連接根部上，更朝向前方加裝延長部位。

A300-600ST的首號機於1993年6月30日完成，9月13日在土魯斯首飛。試飛後1995年5月取得型別檢定證，10月25日交付給空中巴士公司，並於1996年1月15日實施第一次實際飛行。至目前為止，改造的數量共有5架，當空中巴士公司的運航有餘裕時，該飛機就會承包運送大型貨物，後來更成立了專門的「空中巴士國際運輸公司」（Airbus Transport International，ATI），並於同年9月20日正式登記，同年11月24日便開始實行承包運輸業務。

5.5　A380的製造後勤①

在各地的生產作業

　　A380的製造方式和過去的各機種相同，都是在各國的空中巴士所屬設備內製造飛機元件，最後將這些元件運至擁有最後組裝線的土魯斯進行組裝。主要元件的製造分工如表1。

　　和過去的機種不同的是，在生產階段時，會先將部分主要元件做成組件（MCA），也就是事先進行組裝。這是因為A380的體積相當龐大，如果不這麼做，最後組裝的設備就必須有相當廣大的面積。各MCA如表2所示。

　　這些MCA以及水平尾翼都是相當大的元件，所以無法裝載於A300-600ST的貨艙裡，因此空中巴士公司面臨需要開發新的特別運

■　表1　A380主要元件的製造分工

空中巴士法國分公司 （聖納澤爾）	操控室、中央機體
空中巴士法國分公司 （土魯斯）	引擎吊架
空中巴士德國分公司 （漢堡）	前部機體中央部、後部機體
空中巴士德國分公司 （施塔德）	垂直尾翼、方向舵
空中巴士英國分公司 布勞頓	主翼面板
空中巴士英國分公司 布勞頓	機翼整流片、機體下方整流片、 水平尾翼固定部

前部機體 MCA	第11／12部位（自機首至 M1L／M1R艙門後方）	從空中巴士公司的莫爾特設備廠以及各合作產業 將零件運至聖納澤爾進行組裝。
	第13部位 （至M2L／M2R艙門後方）	從諾爾登哈姆設備廠運出機體外殼，然後從布萊 梅設備廠、瓦列爾設備廠以及各合作產業運出零 件以及較小的元件，送至漢堡進行組裝。
	第11／12部位與第13部位 連接	將做好的第13部位運至聖納澤爾接合組裝。
中央機體 MCA	從空中巴士的南特、漢堡以及雷亞爾港等設備工廠將元件運至聖納澤爾，並將 阿萊尼亞公司等各合作產業製造的元件一同運至聖納澤爾進行組裝。	
後部機體 MCA	從空中巴士的諾爾登哈姆設備廠將機殼運至漢堡，再從赫塔菲、施塔德、瓦列 爾、布萊梅各廠，以及各合作產業將零件運至漢堡，一併組裝。	
主翼 MCA	從空中巴士的菲爾頓以及布萊梅廠、以及各合作企業將元件和零件類運至布勞 頓進行組裝。	
垂直尾翼	在施塔德設備廠組裝完成，運至漢堡工廠塗裝後再出貨至土魯斯。	
水平尾翼	於赫塔菲製造完成後運至土魯斯	

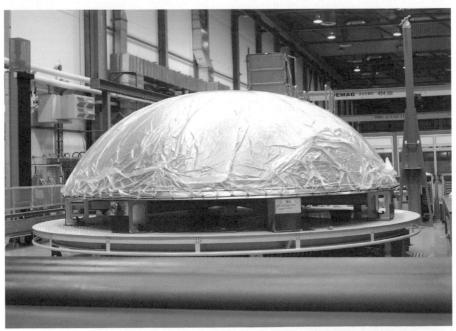

✈ 空中巴士德國分公司的施塔德工廠所製造的A380後部壓力隔板。這是以碳纖維複合
材料（CFRP）製成的大型元件。

照片／青木謙知

輸方式（這在A380計畫
之初就已編入）。關於
這個新的運輸方式，將
在下一節說明。

✈ 施塔德工廠正在製造的空中巴士各種客機的後
部壓力隔板。工廠內部牆面上畫有標示隔板大
小的實體圖。　　　　　　　　　　　照片／青木謙知

✈ 漢堡工廠製造的A380後部機體（左）與中央機體後部。後部機體已全部裝好壓力隔
板。A380的製造企劃包含多家日本企業，其型態是以二級企業（承包商）的模式參
與。例如上方客艙地面用的橫梁就是由日本的Jamco Corporation公司製造。　　照片／青木謙知

施塔德工廠中製造的A380垂直尾翼固定部。施塔德工廠負責以CFRP材料製造的各元件，可說是複合材料元件的專門製造工廠，照片中的垂直尾翼固定部同樣也是CFRP製。順帶一提，A380的複合材料使用比例中，CFRP占全體的22%。　　　照片／青木謙知

照片為A380主翼用的高升力裝備，排放於空中巴士英國分公司布勞頓工廠內的地面上。布勞頓工廠內負責製造空中巴士各種客機的主翼以及各種動翼。這些動翼不會在布勞頓組裝，它們會被送到土魯斯後才安裝到主翼上。　　　照片／青木謙知

5.6　A380的製造後勤②

運輸

　　如前節所述，有關A380的製造方式，於各地製造完成的元件，有一部分會事先組裝成MCA的型態，再運往土魯斯。

　　其結果使得原本體積就相當龐大的元件變得更大，就連A300-600ST「大白鯨」等過去常用的運輸機都無法容納。因此空中巴士活用陸、海、空線，開發全新的運輸系統。各元件的大小以及重量如下表所示。

　　A380客機的元件運送系統，是將在德國組裝好的元件以船運至英國，而英國製造完成的元件則會在英國裝載好，經聖納澤爾（法

■ 表　各元件的尺寸及重量

前部機體	長22.7公尺，寬8.0公尺，高9.97公尺，包裝後重量24.5噸，裝載器具重30.1噸，共計54.6噸
中央機體	長23.17公尺，寬8.0公尺，高10.03公尺，包裝後重量44噸，裝載器具重16噸，共計60噸
後部機體	長28.26公尺，寬8.0公尺，高10.07公尺，包裝後重量24噸，裝載器具重31.5噸，共計55.5噸
主翼（共計 1對）	長45.38公尺，寬7.2公尺，高11.9公尺，包裝後重量45噸，裝載器具重90噸，共計135噸
水平尾翼（左右）	長27.35公尺，寬7.68公尺，高11.68公尺，包裝後重量7.5噸，裝載器具重42噸，共計49.5噸

空中巴士法國分公司在聖納澤爾工廠組裝完成的中央機體MCA，完成後的元件組會
裝載到專用船上。A380的元件使用了陸海空各種方式運輸。　　　　　照片／青木謙知

為了以海運運送A380元件而特地打造，可讓車輛直接上下船的「ville de
bordeaux」。全長154公尺，寬24公尺，排水量21,538噸，船尾的跳板（兼作艙
門）以及貨艙寬度也有21公尺。　　　　　　　　　　　　照片提供／空中巴士

國）運至波爾多（法國）。在西班牙組裝的元件則會直接以船運至波爾多。而德國組裝的元件之所以會先送到英國後，再組裝送往聖納澤爾，是因為建造特殊的運輸船有數量限制，而且整合後再運輸也能夠降低運費。

　　如此各MCA在波爾多的波亞克港（Pauillac）集結後，會轉運專門行駛於運河的搬運船（駁船），並以運河運送（Garonne加隆河）。而從運河終點的朗貢地區，到最後組裝工廠土魯斯之間，同樣也用特別設計的搬運車以陸路運輸。陸路運輸所使用的特殊車輛，是由梅賽德斯公司（賓士）製造牽引車，以及由尼古拉斯產業和卡佩爾公司製造能夠運載元件的拖車。

✈ 轉運至駁船並沿加隆河而進的中央機體MCA。這艘駁船全長約75公尺，寬約13.8公尺。船上配有能讓車輛直接上下船的裝卸系統，每次可載兩個元件或一片主翼（指單側）。運航時，每艘駁船都有另一艘備用船，要將一架飛機的元件運完，必須運送四次。此外，駁船運行往返的波亞各以及朗貢之間，距離約有95公里。　　照片提供／空中巴士

■ 於夜間運往土魯斯

從朗貢到土魯斯之間的陸路運輸，通常必須花三夜。原則上是使用原本就有的道路來運輸，因此有可能會對一般交通帶來困擾，所以運送時間都不會選在白天。

目前的陸路運航時間限定為夜間，但即使如此，還是會影響到一般的交通，因此空中巴士盡可能不使用交通幹道，而選擇以交通量較少的路來運送。

專用車輛在行駛時，周圍15公里內的一般交通皆會停止。但警

✈ 空中巴士A380的元件運輸上，大白鯨所扮演的角色為加入陸路及海路，以空運的方式運送如尾端等較小元件。運輸時間短的當然為空運。　　　　　照片提供／空中巴士

車、消防車以及救護車等緊急用車種則不受限，且道路優先權也歸這些緊急用車種。此外，白天這些運輸車會停在特別準備的指定停車場。未來這些車輛在各地發布通行計畫後，也將會製造公告通過道路時間的系統，預計採用較不會引起混亂的方式進行。

　　另外，為了運送每架A380特大的元件，必須組成六輛護航車（車陣），此時車列全長將達2000公尺。速度快時，會以時速25公里行車。這個車列所需的人員數量（運輸、警察以及警備）約為60人。

✈ 最後階段是以專用車輛進行陸上運輸。為了讓大型車輛組成的車列行駛於一般道路上，周圍必須暫時封閉，因此主要的行駛時間為晚上。

照片提供／空中巴士

5.7 A380的最後組裝線

最後以碼頭組裝法完成

　　新設於土魯斯的工廠中，A380的最後組裝線原則上採工作站組裝法。運至工廠的各元件分別在L51～55、L61～68以及L70～73等工作站進行組裝。

　　這些全部都是結構組裝的工作站。在第50號機台完成基本架構後，第60號機台主要處理機體結合等與機體相關的作業，而L71工作站則負責主翼與機體的裝配作業。

　　第70號機台負責裝置尾翼，第60號機台則責負責細部構造的組裝作業。

第60號機台工作站主要進行機體結合作業，以及艙門裝設作業等。整體而言，飛機於工作站之間的移動相當少，但開始組裝時，機體部位的移動作業較多。　　照片／青木謙知

✈ L71工作站中的機體主翼裝設作業。中央部位可見已經裝設完成的主翼，下面則可看到適用於A380的主翼已準備完成。這個工作站的作業結束後，飛機會經由設置於工廠外部的通道，轉向L51～55其中一個工作站進行組裝。　　　　照片／青木謙知

✈ A380並列於L51到L55數個工作站碼頭，正在進行最後完工的最終作業。起降裝置以及引擎也會在這個工作站碼頭內裝配完成。垂直尾翼從漢堡工廠出貨前，就會塗裝上各航空公司的標記，因此在土魯斯的最後組裝線上，經常可辨別哪一架機體要交貨給哪間航空公司。　　　　照片／青木謙知

✈ 漢堡工廠未能取得設置A380最後組裝線的核可，但設置了A380的塗裝設備，且一手負責製造完工的A380全機塗裝作業。將來若製造機體延長型的客機，地面的排水溝也足以因應，且工廠內其他位置同樣有相同的裝置。 照片提供／空中巴士

這些工作站的作業結束後，基本的機體框架就完成了。接著機體會移往L50到L55這六個工作碼頭間的任一個點，進行最後組裝作業、以及引擎裝配作業、系統類的裝設等，並在室內進行各種系統測試。

從這裡開始會先採碼頭組裝法，原則上到機體完成前為止，都不會離開該碼頭。之所以不移動機體的理由，和本書波音747中記載的原因相同（第134頁）。

在室內各項測試結束後，機體首先會移往室外的L18工作站（有4架飛機的停機坪空間），進行引擎測試等室外的各項最後試驗。接著便移至L16工作站（同樣有4架飛機的停機空間）準備試飛前的作業。這些作業全部完成後，便進入試飛階段。

完成最後組裝，停放於室外停機坪的A380。左列和右列各併排停放4架飛機（照片為左列）。在這裡同時會進行引擎運轉功能的確認等，若沒有發現問題，便會進行試飛。試飛後，快的話就會在當次飛行、慢則試飛2～3次內，便會飛至漢堡。

照片／青木謙知

■ 為何交貨的地點有2個？

A380的最後組裝線要設於何處，這在法國和德國之間引起了激烈的競爭。最後雖決定設置於土魯斯，但同時也採納了德國的部分意見，因此客艙等內裝設置以及機體塗裝作業則在漢堡工廠內進行。此外，交貨給航空公司時，歐洲和中東的客戶由漢堡交貨，其他地區的顧客則由土魯斯負責。因此完成的機體會全部先從土魯斯移至漢堡，除要交付給歐洲和中東客戶的機體之外，其他機體都會再度從漢堡移回土魯斯。這的確相當浪費時間，但這是基於國際共同合作事業能夠成功的前提下必要的考量。

A350XWB的製造

導入內外部同時作業的新方式

　　空中巴士的最新型客機為A350XWB，目標是和波音787對抗，為高效率的客機。它的複合材料使用比例約為53%，且其最新的設計技術以及使用新一代引擎等，都和787相同。

　　空中巴士針對A350XWB，同樣在土魯斯設置了最後組裝線。新蓋的工廠內所設置的組裝線，採L字形的工作站組裝法。因現場地形所致，工廠本身就成L字形，因此最後組裝線也以最能夠提高作業效率的L字形工作站組裝配置。

　　最後組裝之際，首先必須運達的是機體部位（駕駛員座艙及機首部位已完成連結的前部機體、中央機體以及後部機體三種）。這些機體會被運至在L字形工廠角落位置的P50工作站，在這裡進行各機體部位的各種系統以及大型內裝物品的組裝。

　　這項作業結束後，就會在P50工作站將機體結合，並同時進行內裝以及機體內部系統的整體組裝作業。藉由內部和外部同時作業，製造工程也大幅提升了效率。空中巴士選擇

在較早的作業階段就進行系統組裝，這是在A350XWB首次進行。P50工作站又分為P50A和P50B兩處，兩架飛機能夠同時進行作業。

延續P50工作站的是P40工作站，這裡也分成P40A和P40B兩架飛機的作業空間。這個工作站的作業主要是主翼、尾翼引擎以及起落架的裝配，到這裡機體框架已幾乎完成。

到P40A和P40B為止的作業，是以從P50橫向移動的方式進行，但P40A和P40B的作業結束後，機體就會先移出工廠，往P50工作站的旁邊移動，也就是P30X和P30Y工作站。這兩個工作站中會進行各

✈ 最後組裝作業結束後完成機體框架，被移至工廠外面的A350XWB試飛首號機。A350XWB由機體長度不同的A350-800、A350-900以及A350-1000，三種類型的飛機構成家族。首號機為中等類型，為標準型的A350-900。

照片提供／空中巴士

種系統的最後完工作業，並在工廠內實施可行的各種系統確認。若工廠內發生問題，也有可能因緊急避難而將機體滯留。

P30X和P30Y的作業結束後，就會在室外進行引擎運轉測試，以及和引擎相關的各種系統測試，這些測試都通過以後，就會將機體移至飛行線試飛。

空中巴士採用這樣的最後組裝作業工程，比起A330以及A340，更提高了30%的作業效率。

✈ 在P50工作站完成機體結合作業的A350製造首號機。這是A350XWB最初製造的地面實驗用靜態強度實驗機，為不需實際飛行的機體。因此這架飛機不需要裝置引擎，機體框架完成後，便直接移至地面實驗設備。

照片／青木謙知

飛行實驗用首號機在P40工作站，正在進行勞斯萊斯XWB引擎的裝置作業。P40工作站和前面的P50一樣，都有A、B兩個位置，能夠同時進行兩架飛機的作業，更提高了生產效率。

照片提供／空中巴士

A350XWB

　　空中巴士最先進的機種A350XWB，採用了數種新技術以及設計。主翼尖就像翼端帆一樣，設計成向上翹曲，但擁有大圓弧的獨特形狀，這在外型上是相當大的特徵。

A350XWB的主翼同樣完全使用碳纖維複合材料。

照片/青木謙知

噴射客機的引擎進化

本章針對客機用噴射引擎的基本進化，從初期的噴射客機用引擎，到現在所使用的最新型引擎，以及現在仍開發中的新引擎等做詳細說明。

6

Technologies of
jet airliner
manufacturing

6.1 噴射引擎的種類

就算簡單介紹還是有很多種

　　噴射客機的推進裝置是噴射引擎，這是理所當然的。噴射引擎在1930年代，英國和德國幾乎於同時期開始進行研究，兩國並於第二次世界大戰中開始實際使用。

　　噴射引擎是將吸入的空氣壓縮後提高壓力，接著在空氣裡注入燃料，點火使之爆發，然後將噴射的排氣噴發，作為推進的動力。為了能夠持續吸入空氣、壓縮，噴射排氣必須使用能夠旋轉的燃氣輪機，因此又稱為氣體渦輪發動機（gas-turbine engine）。

　　噴射引擎有多種類型。例如將90%的排氣熱能使用螺旋槳軸迴

✈ 普惠公司（Pratt & Whitney）的JT3C渦輪噴射引擎。用於波音707以及道格拉斯DC-8等早期美國製的噴射客機。設計使用較簡單的構造，但具有高可靠性。　照片／青木謙知

轉驅動的渦輪螺旋槳引擎，這也是噴射引擎的一種。因此，像Y-11一樣使用螺旋槳的飛機，也是噴射客機，只不過一般都會覺得，沒有螺旋槳的機種才是噴射客機。

　　除了渦輪螺旋槳之外，還有渦輪噴射引擎、渦輪軸引擎以及渦輪風扇引擎。使用渦輪軸引擎的直升機，又稱爲噴射直升機。

✈　渦輪螺旋客機裝設的是螺旋式引擎，因此有人認為它不是噴射客機，但事實上渦輪螺旋槳引擎正是如假包換的噴射引擎。照片為搭載奇異公司CT7-9B渦輪螺旋引擎的紳寶340B plus。

照片／青木謙知

6.2 渦輪式噴射引擎和渦輪式風扇引擎

現在的主流是渦輪式風扇引擎

今日的噴射客機用引擎，以渦輪式風扇引擎為主，其中更以大大提高旁通氣流（未經燃燒從引擎外測通過的氣流，於後詳述）的高旁通氣流比引擎為主流。

在渦輪式噴射引擎內部，吸入的空氣會先通過壓縮機提高壓力。而渦輪式風扇引擎的最前端則有風扇，所以吸入的空氣會分為送往壓縮機的氣流，以及留置引擎外側的旁通氣流，其中旁通氣流對於後方加速噴射上有很大的效果。

加速後的旁通氣流會成為引擎的一部分推力，而冷空氣通過引擎外側，也能夠達到冷卻效果，這些都讓渦輪式風扇引擎變得能夠具有高效率、低噪音以及低廢氣的功能。

風扇的後方無論是渦輪式風扇引擎，還是渦輪式噴射引擎，基本上構造都一樣。此外像戰鬥機用的超低旁通氣流比的渦輪式風扇引擎，它的風扇則設計為低壓壓縮機的第一段。

壓縮機內部的轉盤有帶刀片（刀翼）的轉子，引擎盒內部則有帶刀片的不動定子，這兩個組合成1組，就稱為1段。靠近吸入口氣壓較低的部分就稱為低壓壓縮機，內部壓力較高、能夠再次壓縮空氣的是高壓壓縮機，無論是低壓或高壓，都是以好幾段組合而成。

受壓縮的空氣會送至燃燒室，而吸入的空氣會受到何種程度的壓縮，這個表示的數值就稱為壓縮比。壓縮比大的話，代表能夠獲得的能源也較大。早期的渦輪風扇引擎JT3D的壓縮比為11.5，現在新一代的引擎壓縮比則到達40～50。

壓縮的空氣會送往燃燒室，和汽化的燃料混合後點火、爆發，

■ 渦輪式噴射引擎的構造

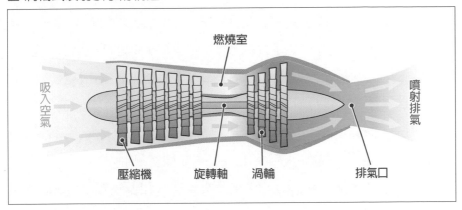

燃燒室

吸入空氣

噴射排氣

壓縮機　　旋轉軸　　渦輪　　　　排氣口

■ 渦輪式風扇引擎的基本構造

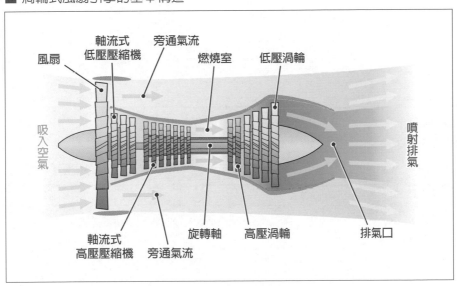

軸流式
低壓壓縮機　　旁通氣流

風扇　　　　　　　　燃燒室　　低壓渦輪

吸入空氣

噴射排氣

軸流式
高壓壓縮機　　旁通氣流　　旋轉軸　高壓渦輪　　排氣口

製造出噴射排氣。噴射排氣會往後方噴出，讓燃燒室後方的渦輪轉
動，這個轉動也會帶動壓縮機。

　　渦輪的功能就是讓壓縮機轉動，因此它的構造相當簡單，只有
一個帶刀片的轉盤。轉盤不同，有些引擎會設置數段，但現在的引

擎段數已逐漸減少。

　　渦輪又可分為高壓渦輪和低壓渦輪。靠近燃燒室的高速（即高壓）噴射排氣所帶動的就是高壓渦輪，其後方就是低壓渦輪。高壓渦輪會帶動高壓壓縮機轉動，低壓渦輪則會使低壓壓縮機轉動。

　　因此，引擎內自前後方向轉動的軸，將引擎內部分為雙重構造，外側轉軸與低壓渦輪以及低壓壓縮機互相連結，內側轉軸則與高壓渦輪以及高壓壓縮機互相連結。這又稱為雙軸式，這種類型的渦輪風扇是由低壓渦輪驅動，因此風扇的轉數和低壓壓縮機相同。

噴出濃濃黑煙起飛的B-52轟炸機。引擎使用的是早期的波音707所用的普惠JT3C改裝的軍用J57-P-43W渦輪式噴射引擎。當時的噴射客機都裝設渦輪式噴射引擎，因此無論哪個機場，在飛機起降時，都會看到大量黑煙噴出。

照片／青木謙知

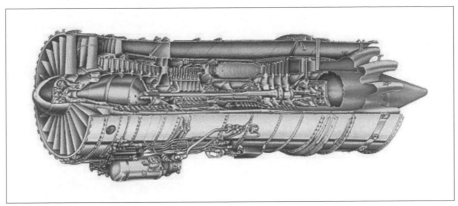

✈ 美國早期大型飛機所使用的渦輪式風扇引擎——普惠JT3D構造圖。　　照片／筆者所藏

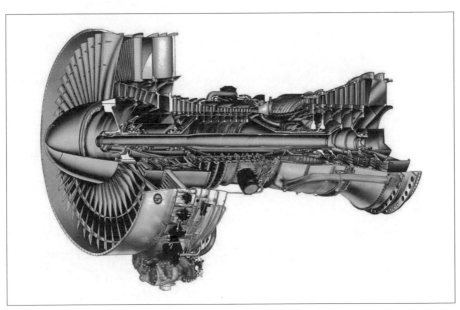

✈ 高旁通氣流比的渦輪式風扇引擎——普惠JT9D構造圖。　　照片／筆者所藏

　　由壓縮機、燃燒室以及渦輪構成的部分，又稱為核心引擎（core engine）。客機用引擎由於降落跑道距離較短，大多都在核心引擎部位裝設推力反向器（Thrust reversal）。

■ 從渦輪噴射引擎到渦輪風扇引擎

　　噴射客機引擎最先使用的就是渦輪式噴射引擎。無論是世界最早實用的噴射客機德哈維蘭（de Havilland，現在的英國航太系統公司）D.H. 106 Comet所搭載的布里斯托‧希德利（現在的勞斯萊斯）引擎，或是美國最早噴射客機波音707-120所搭載的普惠JT3C，都屬於渦輪式噴射引擎。

　　這種類型的引擎會將吸入的空氣全部壓縮，送往燃燒室，藉由燃燒產生的噴射排氣形成推進力。由於除了燃燒產生的推進力之

洛克希德開發的三具引擎之大型客機L-1011洛克希德三星（TriStar）。該飛機採用勞斯萊斯的RB211引擎，但機體開發階段時，勞斯萊斯公司破產，因而延誤作業，且該飛機就航後，也因引擎的構造複雜而讓航空公司煩惱不已。但是和同時代開發的其他大型飛機相比，其在技術上的革新則受到相當高的評價。

照片／筆者所藏

外，沒有其他推進要素，因此又稱為單純（pure）噴射，特別在高速飛行時，更能夠發揮其高效能。但另一方面，由於耗費燃料，噪音大且廢氣排放量多，這些都是它的缺點。

接著開發的是渦輪式風扇引擎。簡單來說，就是在渦輪式噴射引擎的最前端加裝風扇。吸入的空氣透過風扇，會分為直接送入引擎的氣流，以及通過引擎外側的氣流兩道。其結果，能夠增強引擎的推進力，且降低燃料消耗，還能夠降低噪音，以及減少排放廢氣。渦輪式風扇引擎中，吸入引擎內部的氣流與通過外側氣流的比

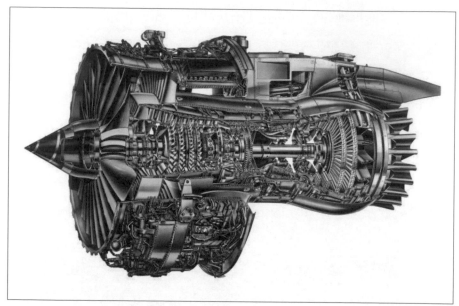

✈ 勞斯萊斯最早的高旁通氣流比渦輪式風扇引擎，RB211的構造圖。這個引擎全部由3軸構成，可說是加入了獨家技術。

照片／筆者所藏

例，就稱為旁通氣流比。

　　世界最早的實用渦輪式風扇引擎，是勞斯萊斯・康維（Rolls-Royce Conway）。它被用於維克斯（Vickers，現在的英國航太系統公司）的VC-10以及波音707-420、還有道格拉斯DC-8-40等飛機上。旁通氣流比為極小的0.25，幾乎和渦輪式噴射引擎沒什麼兩樣，但還是具有渦輪式風扇引擎的優點。

　　美國最早的大型客機用渦輪式風扇引擎，是普惠公司的JT3D，這個引擎也被搭載於DC-8以及707飛機上，以當時而言，旁通氣流比為相當大的4。

6.3　渦輪式風扇引擎的進化

最早來自於美國空軍的要求

　　1964年5月，美國空軍以下一期運輸機的計畫「重型後勤系統」（CX-HLS，美國空軍噴氣式大型遠程運輸機）為名，提出超大型遠距運輸機的機體企劃案，對美國國內的各製造商展開招標。基本的作業要求為「載重45噸，且能橫越10,186公里的太平洋」，或是「載重90噸，且能經由夏威夷橫越（需具備5,000公里的續航力）」，且需具備最大120噸的搭載能力。

　　要實現這些要求，首先機體本身必須相當大，甚至需要超越當時認知的超大型客機，而且也必須開發出能夠運用於該飛機的新式引擎。

　　最後，CX-HLS計畫採用的提案是洛克希德（現為洛克希德・馬

美國空軍的CX-HLS計畫中採用的洛克希德C-5銀河。引擎是奇異公司開發的高旁通氣流比渦輪式風扇引擎TF39，這個計畫的成功，也將高旁通氣流比的渦輪式風扇引擎推向普及。今日的噴射客機，在燃料費、噪音、推進力以及排放廢氣等各方面上，如果沒有高旁通氣流比的渦輪式風扇引擎，就無法達到最佳狀態。　照片/青木謙知

✈ 渦輪式風扇引擎早期的發展，將重點放在如何增大風扇直徑以及增加旁通氣流。但是一味將風扇直徑增大，在飛行中引擎前方產生的阻力也會增加，因此設計上必須取得平衡。照片為波音777-300ER用的奇異GE90-115B，風扇直徑為3.44公尺，旁通氣流比8.9。

照片／青木謙知

丁公司）的機體以及奇異公司的引擎，並實用於C-5銀河運輸機（C-5 galaxy）。這個競標案中，落選的是波音公司（機體）和普惠公司（引擎）。

奇異公司和普惠公司同時認為，能夠提供這架超大型運輸機動力的，除了擁有大推進力的渦輪式風扇引擎之外別無他法，因此雙方都認為必須大幅增加風扇引擎的旁通氣流。

其結果，被選用且命名為TF39的引擎，風扇直徑達2.46公尺，旁通氣流比也提高至相當大的數值8。於是高旁通氣流比的渦輪式風扇引擎便完成，且實際應用於飛機上。

✈ 滑行中的波音787-8。這架機體的引擎是奇異公司的Genx-1B。引擎整流罩的後緣呈波
形，能夠降低噪音，但空中巴士的客機現正計畫不要採用這種方式。　　　照片／青木謙知

■ 高旁通氣流比的渦輪式風扇引擎抬頭

　　旁通氣流比若提高（也就是旁通氣流較多），就能夠提升渦輪
式風扇引擎的高推進率優勢，且噪音也能降低，排放廢氣也會相對
減少。1960年代中期以後，全球對噪音以及排放廢氣所造成的公害
問題提高關切，客機也同時受到相關規定的限制。為了突破這些，
高旁通氣流比的渦輪式風扇引擎技術就不可或缺。

　　同時，在CX-HLS計畫中，機體提案失敗的波音公司，於1970年
代以後，為了因應預測會激增的航空旅客需求，便開始研究超大型
客機。它以在CX-HLS提案的機體為基礎，開發出波音747客機，引

波音公司在737客機世代交替之際，將引擎從早期的普惠JT8D風扇引擎更改為高旁通氣流比的CFM國際發動機公司所製造的CFM56。但由於考慮到區域性機場的運航作業，而將機體位置設計壓低，如果將引擎直接裝在主翼下方，就無法取得足夠的間隔，因此需採用許多方式才能裝載。其中之一就是將引擎整流罩前端下方整平，這個形狀也續用於最新一代的737MAX。

照片／青木謙知

渦輪式風扇引擎的高旁通氣流比也普及於小型的引擎上，並開發出眾多新型引擎。照片為搭載龐巴迪挑戰者300（Bombardier Challenger 300）的霍尼韋爾HTF7000（Honeywell HTF 7000），其預設的最大推進力為小範圍的23.9～33.4kN，風扇直徑也僅有86.9公分，旁通氣流比為4.4。

照片／青木謙知

今日戰鬥機用的引擎也進化為渦輪式風扇引擎，但為了要搭載於機體內部，空間受到限制，如果使用大型風扇，就會讓機體的正面面積增加，因此採用低旁通氣流比的引擎。照片為洛克希德‧馬丁的F-22猛禽（Raptor），它搭載的是普惠公司的F119-PW-100渦輪式風扇引擎。其旁通氣流比僅0.45。

照片／青木謙知

擎也由當時提案失敗的普惠公司提供。這架飛機搭載的引擎是高旁通氣流比的JT9D渦輪式風扇引擎，這個型號的引擎也是首度實際應用於民航機。

　　此外，奇異公司更以TF39為雛形，開發了民航機用的CF6，並搭載於道格拉斯DC-10／-30飛機。英國的勞斯萊斯公司也開發出用於洛克希德L-1011飛機的RB211引擎。可見隨著客機的大型化，高旁通氣流比的渦輪式風扇引擎世代也隨之到來。

　　今日，噴射客機的引擎無論是大型機或小型機，基本配備都是裝設高旁通氣流比的渦輪式風扇引擎。引擎的技術也從1970年代實際使用後，經過數次改良、進化後，發展成新一代的機型。新世代機型更降低了燃料消耗，且進化為低噪音、低廢氣排放，同時也能合乎將來要實施的各種環保標準。

✈ 波音747的第一代（經典型，Classic）機型之 747-200B。經典B747系列從747-100到747-300都使用普惠公司開發的JT9D高旁通氣流比的渦輪式風扇引擎，照片中的機體也裝備JT9D（其後便導入選擇制）。747的機體製造數量遠超過C-5，波音公司雖然在CX-HLS計畫中落敗，但就產業面而言可說是勝利者。

照片／青木謙知

✈ 提供波音747飛機JT9D引擎的普惠公司，在該引擎的改良型上，依循公司內部的新命名制度，改名為PW4000。照片為搭載其中一款改良型PW4056引擎的波音747-400飛機。

照片／青木謙知

6.4 新一代渦輪式風扇引擎

大幅進化的扇葉

　　渦輪式風扇引擎如前所述，隨時在進化更新。但是引擎大多藏於機體下方，因此肉眼難以辨別。其中最容易判別的項目之一，就是引擎前端加裝的風扇扇葉形狀。過去的風扇扇葉形狀，都是細長型，較為單純。

　　現今新世代的引擎，其扇葉寬度（稱為chord）增加，又稱為寬扇型，更加以扭轉成相當複雜的三次元形狀構造。將扇葉設計成三次元的寬扇構造，能夠提高風扇的吸氣效率，同時提高速度且製造出最合適的旁通氣流比，使引擎整體的運轉效能更加提升。

　　引擎和機體一樣，也導入了各種新的素材。開發中的素材之一，就是用碳纖維和矽加工處理後製成的矽化碳纖維片，和聚合物重疊後成形，甚至各纖維的空隙也用矽化碳纖維填入，製造出陶瓷基複合材料（CMC）。

　　CMC能夠承受200℃以上的高溫，素材本身的強度也是過去金屬材料的2倍，相對於此，重量卻僅有三分之一，因此被期待成為能將引擎輕量化的新素材。開發新一代引擎LEAP-1的CFM國際發動機公司，就計畫用CMC來製造高壓渦輪的外殼。

　　LEAP-1引擎的扇葉，同樣使用寬扇三次元構造，而且在素材上更進一步使用了輕量又堅固的複合材料，並以樹脂轉注成形法（RTM）製造。以扇葉大小的程度而言，用複合材料來製造元件相當簡單，而且還能降低製造費用。

　　針對提高客機運航效率，以及提高其環境適性上，最重要的要素就是引擎，但機體的設計也必須相對支援。由於引擎直接連接在

第一代客機用高旁通氣流比的渦輪式風扇引擎之一，JT9D。最前端的扇葉呈現略曲的簡單構造。風扇直徑為2.34公尺，旁通氣流比為4.8。

照片／筆者所藏

機體上，在外觀上顯而易見，整流罩（引擎遮罩）的後緣則爲波形。這個形狀奇異公司稱爲雪弗龍，而勞斯萊斯則稱爲調整片。名稱雖然不一樣，但目的相同，都是讓排氣口的引擎噪音降低。

　　波形後緣在現今的波音新一代747-8以及787的引擎都看得見，開發中的波音737MAX設計圖中，同樣搭載這種引擎，但空中巴士的

照片／青木謙知

A350XWB以及A320 neo兩架飛機的設計圖中，卻看不到這樣的引擎
形狀，可見兩大製造商對於這種引擎的評價相當兩極。

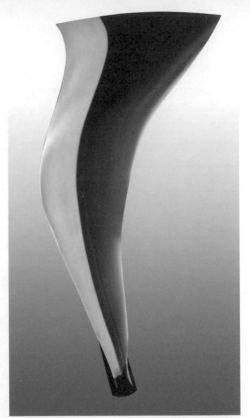

✈ CFM國際發動機公司開發中的LEAP-1引擎的扇葉。呈現複雜曲線的部位為複合材料，採用的是有如真空包裝般的樹脂轉注成形法製造。空中巴士開發中的A320 neo家族所使用的LEAP-1A引擎，預估直徑為2.00公尺，旁通氣流比為10。　照片提供／CFM國際發動機公司

✈ 開發中的LEAP-1引擎前端的核心部展示品。最後端（照片左側）覆蓋渦輪部的外殼部位，高壓渦輪預計使用的材料是新的CMC素材。　照片提供／CMC國際發動機公司

✈ 波音747-8F裝配的奇異公司GEnx-2B67引擎。風扇直徑為3.23公尺，旁通氣流比為8.9，屬於新一代高旁通氣流比的渦輪式風扇引擎。747-8的引擎取消選擇制，限定只用這款引擎。

照片／青木謙知

✈ A380裝配的發動機聯盟公司（Engine Alliance LLC）製GP7200高旁通氣流比渦輪式風扇引擎。發動機聯盟公司是奇異公司和普惠公司聯合設立的合資公司，目的是針對兩社現有引擎所欠缺的推進範圍，共同開發與製造新的產品。GP7200雖為該公司所開發，但只搭載於A380飛機。A380用的引擎又稱為GP7270，風扇直徑為2.95公尺，旁通氣流比為8.7。

照片／青木謙知

✈ 奇異公司GEnx引擎模型。這款引擎為波音747-8的唯一引擎,同時也是787的引擎選
擇之一。787用的GEnx-1B系列比747用的-2B系列推進力低,但風扇直徑為3.56公
尺,旁通氣流比為9.2,兩者都相對提升。 　　　　　　　　　　　　　　照片／青木謙知

✈ 由法國薩弗龍公司和俄羅斯OAO公司共同合資設立的PowerJet公司所開發的
SaM146。用於由俄羅斯的蘇霍伊公司開發中的區域性噴射客機──蘇霍伊超級噴
射客機100(Sukhoi SuperJet 100)。由於這款引擎適用於小型飛機,因此最大推進力
為較小的76.8kN,風扇直徑1.22公尺,旁通氣流比為4.4,屬於高旁通氣流比的渦輪式風
扇引擎。 　　　　　　　　　　　　　　　　　　　　　　　　　　　照片／青木謙知

6.5 三軸構成以及齒輪渦輪風扇引擎（GTF）

為了減少風扇轉數而開發的技術

　　如本書184頁所述，一般的渦輪式風扇引擎都是以低壓渦輪來使低壓壓縮機和風扇轉動，因此低壓壓縮機和風扇的轉數會相同。但是，如果將高壓通過的氣流加以高壓壓縮，壓縮機的轉數在高速下更能提高其效能。

　　相反地，風扇會將吸入的空氣壓縮後，送往核心引擎的低壓壓縮機，因此風扇如果在比低壓壓縮機低速的狀態下轉動，較能提高其效能。

　　實現這個想法，將風扇的轉軸獨立，形成3軸構造引擎的是勞斯萊斯公司。該公司在最早的高旁通氣流比渦輪式風扇引擎裡，導入

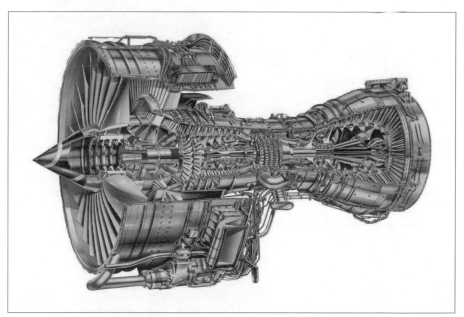

✈ 勞斯萊斯特倫特1000引擎構造圖。勞斯萊斯將渦輪及壓縮機結合的軸承設計成3軸構造，並列為獨家技術。

照片／筆者所藏

了這項技術。其後，這項技術延用於現在的特倫特引擎家族，且成為該公司的代表性引擎技術。

這項技術將轉動風扇的轉軸放在最外側，由低壓渦輪驅動。緊接著，將由雙軸構成的低壓壓縮機更名為中壓壓縮機，驅動中壓壓縮機旋轉的渦輪也命名為中壓渦輪。

但是這種3軸構造會因為軸承增加，使得結構變複雜，維護的難度相對提高，早期因構造複雜導致許多問題，評價也不是很好。即

✈ 空中巴士A350XWB裝配的勞斯萊斯特倫特XWB引擎。風扇直徑為3.00公尺，旁通氣流比為9.3。原本空中巴士在A350XWB開發之際，想要維持引擎的可選擇性，但後來由於無相關的製造商，因此只能裝配特輪特XWB。

照片提供／空中巴士

✈ PurePower PW 1100G的模型。日本的日本航空引擎公司針對這具引擎，以23%的占有比例參加開發企劃，並負責製造一部分定壓元件以及燃燒室。PurePower PW 1100G為適合搭載於空中巴士A320 neo家族飛機的引擎。推進力範圍為110～150kN。風扇直徑為1.42公尺，旁通氣流比為9。

照片／青木謙知

使如此，勞斯萊斯仍不放棄，繼續使用這項技術，幾經改良後終於純熟，並以特倫特引擎家族開枝散葉。特倫特引擎能夠裝載於波音787、空中巴士A380以及A350XWB等新一代全機型的大型飛機。

■ 利用齒輪來降低風扇的轉數

另外一項技術的開發，單純用於降低風扇轉數，主要是在旋轉軸和風扇中裝上齒輪減速。這項技術稱為齒輪渦輪式風扇引擎（GTF），現在普惠公司正使用這項技術，開發PurePower PW1000G系列引擎。

GTF技術的結構同樣相當複雜，變成產生問題的因素，不易維護，此外還有諸多問題點，例如裝設齒輪後，引擎前方變重，為了

齒輪渦輪式風扇引擎（GTF）中的減速齒輪。裝置於引擎內部低壓軸前端以及風扇的軸承部。藉由齒輪將風扇轉數降至最適當值，便能夠提高引擎的運轉效率。

照片／筆者所藏

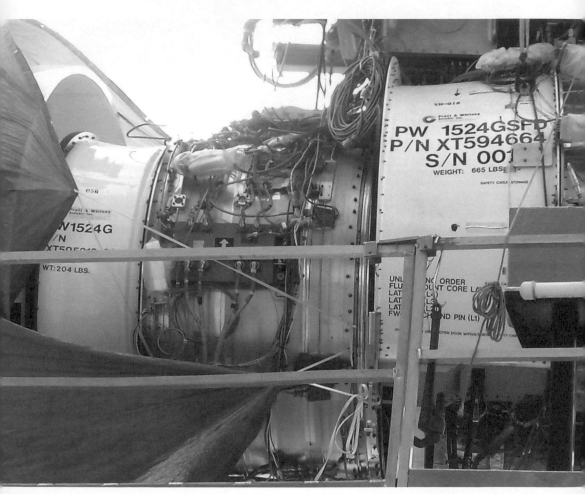

取得平衡，必須讓後方重量增加，導致引擎全體重量增加等。負責開發的普惠公司則解釋，無論哪一個問題都能解決，而且使用齒輪來提高效率的優點更大於這些缺點。

　　最早決定採用這款引擎的是日本的三菱飛機，並裝配於開發中的地區性噴射客機MRJ90／70。這款引擎之後也被加拿大的龐巴迪C系列以及俄羅斯伊爾庫特公司開發的MS-21客機採用，且首先由C系列飛機開始實際運航。

✈ 位於佛羅里達州西棕櫚灘的普惠公司實驗設備，陸面運轉實驗機台上裝載了PurePower PW1500G實驗用引擎。這款引擎是龐巴迪C系列搭配的引擎，且為PurePower PW1000G系列中，最早實際運航的一種。 推進力範圍為93～104kN，風扇直徑2.06公尺，旁通氣流比為12。

照片提供／普惠公司

✈ 裝配於波音747SP飛行實驗機前部機體的
PurePower PW100G。這款引擎為三菱
MRJ70／90飛機使用，推進力範圍67～76kN，風
扇直徑1.42公尺，旁通氣流比為9，是PurePower
PW100G系列中最小的引擎。試飛作業於2012年4
月30日在美國展開。　　　　照片提供／三菱飛機

✈ 2008年7月11日舉辦的
PurePower PW1000G展示
引擎首飛情況。普惠公司保存1架
用於引擎試飛用的波音747SP
（P197-1），並同時用於
PurePower PW1000G的開發實
驗中。　　　　　照片提供／普惠公司

✈ 展示引擎的試飛也會在法國空中巴士公司進行，使用的是由空中巴士公司所保存的
A340-600飛機。　　　　　　　　　　　　　　　照片提供／普惠公司

三菱飛機首先決定採用普惠公司所計畫的GTF引擎。2007年10月9日，對顧客的提案獲准後，便緊接著公開這項決定。MRJ用的PurePower PW1200G在愛知縣小牧市的三菱重工業設備內進行最後組裝。MRJ預計在2015年的第二季進行首飛，並於2017年第二季開始載客。

照片提供／三菱飛機

PurePower PW1000G系列構造圖。

照片提供／普惠公司

　　噴射引擎同樣針對未來的適用性，進行各式各樣的研究開發。其中之一就是開式轉子。過去的風扇引擎是螺旋槳式風扇、或無導管風扇，基本的想法就是將高效能的螺旋槳加以開發，代替風扇使用。

　　渦輪式風扇引擎的風扇，有一部分負責提供推進力，因此這點和螺旋槳具有相同的功能。將風扇加以改良後，就更接近螺旋槳的

✈ 開式轉子引擎的概念圖之一。取代風扇的轉子移至引擎最後方，發揮更接近螺旋槳功能的效果。但是由於它沒有遮罩，地上作業員靠近旋轉的轉子便會相當危險，此外還有噪音問題等，這些都是開式轉子引擎本質上的問題。

照片提供／CFM國際發動機公司

功能，而且提高推進效能後，更能期待大幅改善燃料費用。

　　這個想法絕對不是一種創新，1970年代就已經製造出展示引擎，使用麥道公司的MD-80飛機進行試飛。

　　只是到目前為止，仍有數個必須解決的根本問題。以現在的技術能夠產出的動力極限而言，只能用於單通道用引擎，而且轉子體積過大，導致無法裝置在主翼下方，加上沒有覆蓋的遮罩，無法封鎖從轉子發出的噪音，且地上作業也會增加危險。更何況這項技術尚未成立，技術的成熟度也還需要提升。

　　考慮到上述種種，這類引擎要能夠實際使用，預計最早也要到2020年代中期以後。

✈ 1980年代，奇異公司試做的無導管風扇引擎（UDF）裝載於麥道公司的MD-80飛機，進行試飛。當時這款引擎被發現的問題點比優點還多，顯示這類引擎的實際應用還言之過早。

照片／筆者所藏

首飛成功！龐巴迪「C系列」

　　有關本書第203頁起所提及的普惠公司製造PurePower PW1000G系列引擎，最早裝設這款引擎的實用機就是龐巴迪所開發的C系列。龐巴迪開發了客座100席的CS100以及130席的CS3002款，並且先製造CS100，於2013年9月16日首飛。C系列推進力範圍為84.1～103.6kN，使用的是PurePower PW 1519G／1521G／1524G引擎。

2013年9月16日首飛的龐巴迪CS100。　　　　　　照片提供／龐巴迪公司

MRJ的製造技術

MRJ（三菱支線噴射客機，Mitsubishi Regional Jet）是三菱
飛機開發中的新一代支線噴射客機。本書最後一章，將針對日
本國產的噴射客機最新消息，做一說明。

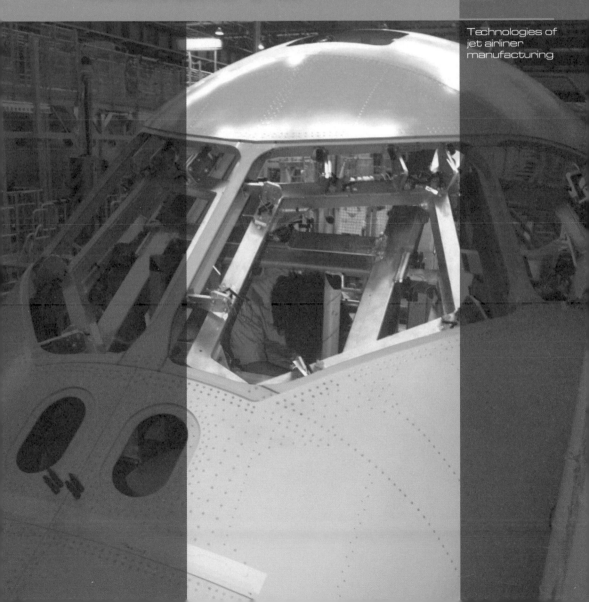

相隔約半個世紀，日本國產的噴射客機現正由三菱飛機開發中，這架飛機正是MRJ（Mitsubishi Regional Jet）區域性支線噴射客機。目前開發的規格有90席的MRJ90以及70席的MRJ70兩種。

首先，三菱飛機預計在2015年第二季，對MRJ90展開首飛等各種測試，並於2017年的第二季交付首號機。MRJ70的基本設計雖然已經完成，但由於實際的開發作業是從MRJ90開始，因此在作業上延遲了將近一年，必須追趕進度。

　　MRJ90的飛行實驗用首號機從2012年開始製造，2013年8月間，終於完成了前部、中部、中後部以及後部機體前方的組裝作業，目前正在等待其他部位機體，以及主翼、尾翼等完工。只要這些元件完工組裝後，飛行實驗用的首號機就完成了。目前飛機的各種配備系統以及開發作業等，正與這些組裝作業，同時進行中。

　　MRJ機體本身的基本構造相當傳統，機體分為前、中、後三部分，最後再與主翼、尾翼組合。各機體部位又可細分為前部和後部，但這最終都是在製造階段的區分，並非基本構造上的分別。裝設在前部機體前方的操控室屬於機首部位，這是另一種結構，這一點和其他製造商的客機並無不同。

三機體各部位的基本結構組裝已完成，在工廠內部由前至後依序排列的MRJ90飛行實驗用首號機的各機體。

照片提供／三菱飛機

7.2 MRJ的製造②

機體和主翼並非CFRP製，而採用鋁合金的理由

　　三菱飛機在規劃MRJ機體計畫之際，原本計畫在機體以及主翼等多數部位皆使用碳纖維複合材料（CFRP）。但後來幾經研究，決定僅尾翼使用CFRP，機體以及主翼改採鋁合金製造。之所以變更機體材料，是考慮到和地面車輛碰撞的情況。

　　區域性支線噴射客機的運航環境中，有可能會發生碰撞意外，如果機體採鋁合金製造，發生碰撞事故時就會產生凹痕，讓人能夠目測判斷。但是如果用CFRP製造，發生碰撞時，就無法留下明顯的痕跡，導致難以判別事故。

　　對大型客機來說，這幾乎是完全碰不到的問題，但對支線航空用的機種而言，這是必須充分考慮到的狀況。因此最後三菱飛機決定改變機體材料，生產金屬製的噴射客機。

　　置於主翼的製造材料，則有另一個原因。使用CFRP素材，首要目標就是將機體輕量化，但對於機體規模較小的MRJ機種而言，這並無太大效果。另一方面，針對構造上需要有高強度的部位（例如固定部），就必須將CFRP增厚。

　　其結果，即使以CFRP製造主翼，其重量和鋁合金幾乎相同，因此改採用製造成本較低的鋁合金。這是在確保安全以及考量成本效益下的材料變更計畫。

正在製造後部機體內部結構的情況。MRJ使用直徑2.96公尺的正圓形機體剖面，以這個等級而言是相當寬的機體，能夠設置寬廣的客艙。 　　照片提供／三菱飛機

MRJ的中央機體中段部位。這是要裝設主翼的部位，照片中可見已經裝好配件。前方（裡面）可見中央翼盒的構造。 　　照片提供／三菱飛機

7.3 MRJ的製造③

能夠以低價製造CFRP製元件的VARTM工法為？

如前節所述，MRJ的尾翼，包括垂直尾翼以及水平尾翼，都是用CFRP製成。一般而言，使用CFRP製造機體部位時，都會用到熱壓爐，所採用的是以高溫、高壓固定的熱壓爐工法。

但是，MRJ的尾翼製造，採用的是由日本宇宙航空研究開發機構（Japan Aerospace Exploration Agency，JAXA）所開發的真空輔助樹脂灌注成形法（VARTM：Vacuum Assisted Resin Transfer Molding，以下稱為VARTM工法）。

VARTM工法首先將碳纖維材料以層壓方式放入成形模具，然後用塑料膠膜包覆，再使用真空吸氣。之後注入液狀樹脂使之硬化、成形，便完成步驟。由於這個方式不需要熱壓爐等大型設備，材料保存也相當簡單，因此能將CFRP製的元件降低製造成本。

另一方面，也因為採用的製造工法是VARTM，所以不適合用在客機主翼等大型構造部位上。到目前為止，以VARTM工法製造的最大元件就是MRJ的尾翼，但針對機體面板的製造，目前也還在研究當中。

這項研究中的工法又稱為混合性工法（Hybrid）。它和VARTM工法一樣，都利用真空方式成形，接著再送進烤爐加熱，讓整體同時固定。Hybrid工法是混合熱壓爐工法和VARTM工法的製造方式，在JAXA內部研究作業的一環中，已利用此工法著手展開機體外板（縱梁以及框架為一體成形。有一部分為二次接著）試做。

✈ 用VARTM工法製造的MRJ專用垂直尾翼試做品。由於MRJ只有尾翼使用CFRP製造，飛機整體的CFRP使用比例約為10%。

照片／青木謙知

國家圖書館出版品預行編目資料

噴射客機的製造與技術：認識噴射客機的技術發展和製作
流程,一窺製造現場的技術細節與浩大工程。 / 青木謙知著
; 盧宛瑜譯. -- 二版. -- 臺中市 : 晨星出版有限公司, 2021.04
　　面；　公分. -- (知的! ; 75)
譯自：ジェット旅客機をつくる技術

ISBN 978-986-5529-90-1 (平裝)

1.噴射機
447.75　　　　　　　　　　　　　　　　　　109019619

知 的 ！ 75	**噴射客機的製造與技術（修訂版）**
	：認識噴射客機的技術發展和製作流程，一窺製造現場的技術細節與浩大工程。 ジェット旅客機をつくる技術

作者｜青木謙知
譯者｜盧宛瑜
編輯｜劉冠宏、吳雨書
校對｜劉冠宏、張云瑄、吳雨書
封面設計｜言忍巾貞工作室
美術設計｜曾麗香

負責人｜陳銘民
發行所｜晨星出版有限公司
　　　　行政院新聞局局版台業字第2500 號
總經銷｜知己圖書股份有限公司
地址｜台北 台北市106辛亥路一段30號9樓
　　　　TEL：（02）23672044／23672047
　　　　FAX：（02）23635741
　　　　台中 台中市407 工業區30 路1 號
　　　　TEL：（04）23595819　FAX：（04）23595493
Email｜service@morningstar.com.tw
晨星網路書店｜http://www.morningstar.com.tw
法律顧問｜陳思成律師
出版日期｜2021年4月15日二版1刷
郵政劃撥｜15060393 知己圖書股份有限公司
訂購專線｜02-23672044
印刷｜上好印刷股份有限公司

定價｜新台幣350元
（缺頁或破損的書，請寄回更換）
ISBN　978-986-5529-90-1
Published by Morning Star Publishing Inc.
JET RYOKAKUKI WO TSUKURU GIJUTSU
Copyright © 2013 Yoshimoto Aoki
Chinese translation rights in complex characters arranged with SB Creative
Corp., Tokyo
through Japan UNI Agency, Inc., Tokyo and Future View Technology Ltd.,
Taipei
Printed in Taiwan. All rights reserved.

貼郵票處

407
台中市工業區30路1號

晨星出版有限公司

知的編輯組

更方便的購書方式：

(1) 網站：http://www.morningstar.com.tw
(2) 郵政劃撥　帳號：15060393
　　　　　　戶名：知己圖書股份有限公司
　　請於通信欄中註明欲購買之書名及數量
(3) 電話訂購：如為大量團購可直接撥客服專線洽詢

◎ 如需詳細書目可上網查詢或來電索取。
◎ 客服專線：02-23672044　傳真：02-23635741
◎ 客戶信箱：service@morningstar.com.tw